Miei Frattali Preferiti
Volume 1
di David E. McAdams

Le immagini di questo libro sono state realizzate utilizzando Fractal Forge. Fractal Forge può essere scaricato da https://sourceforge.net/projects/fractalforge/.

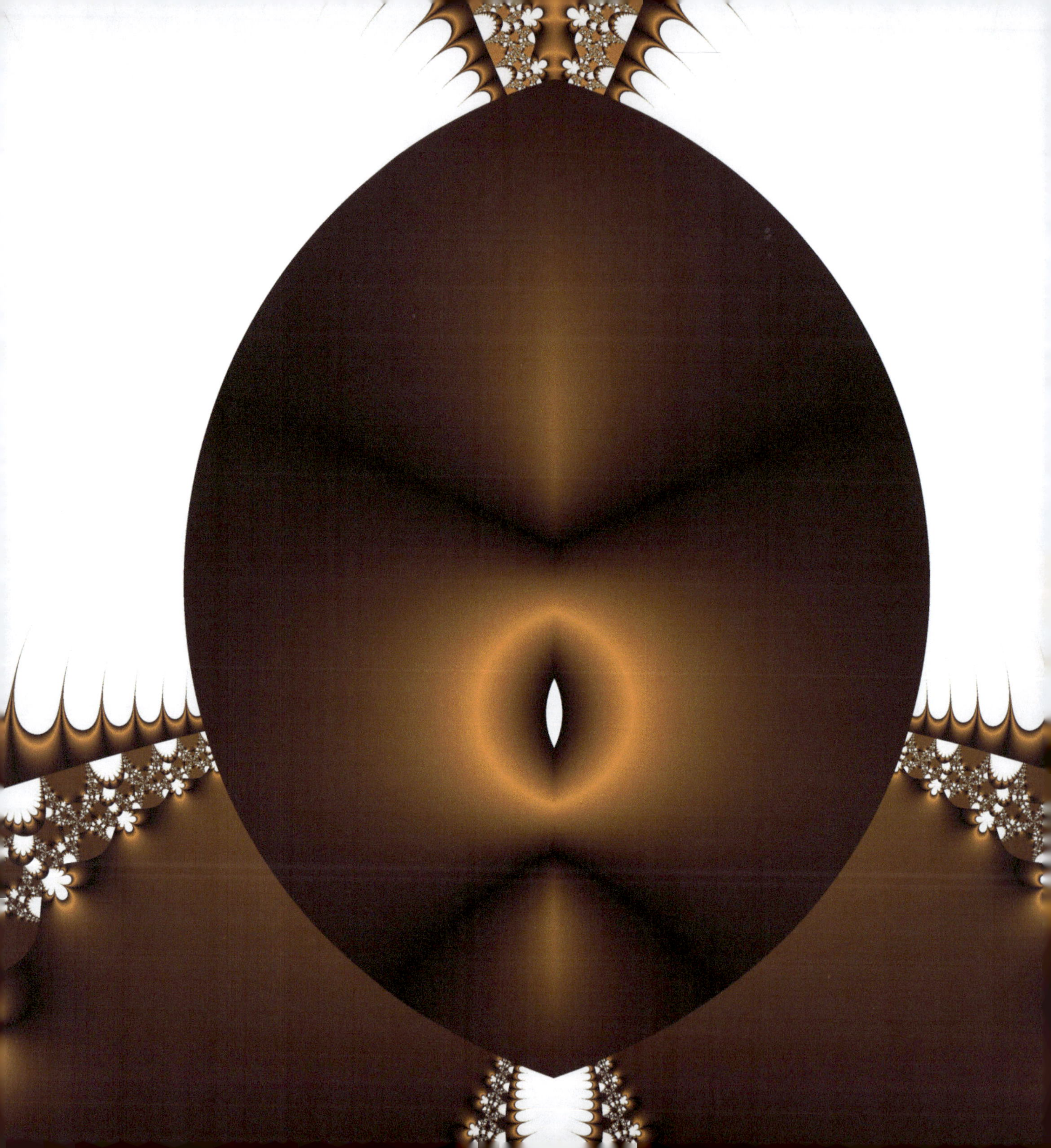

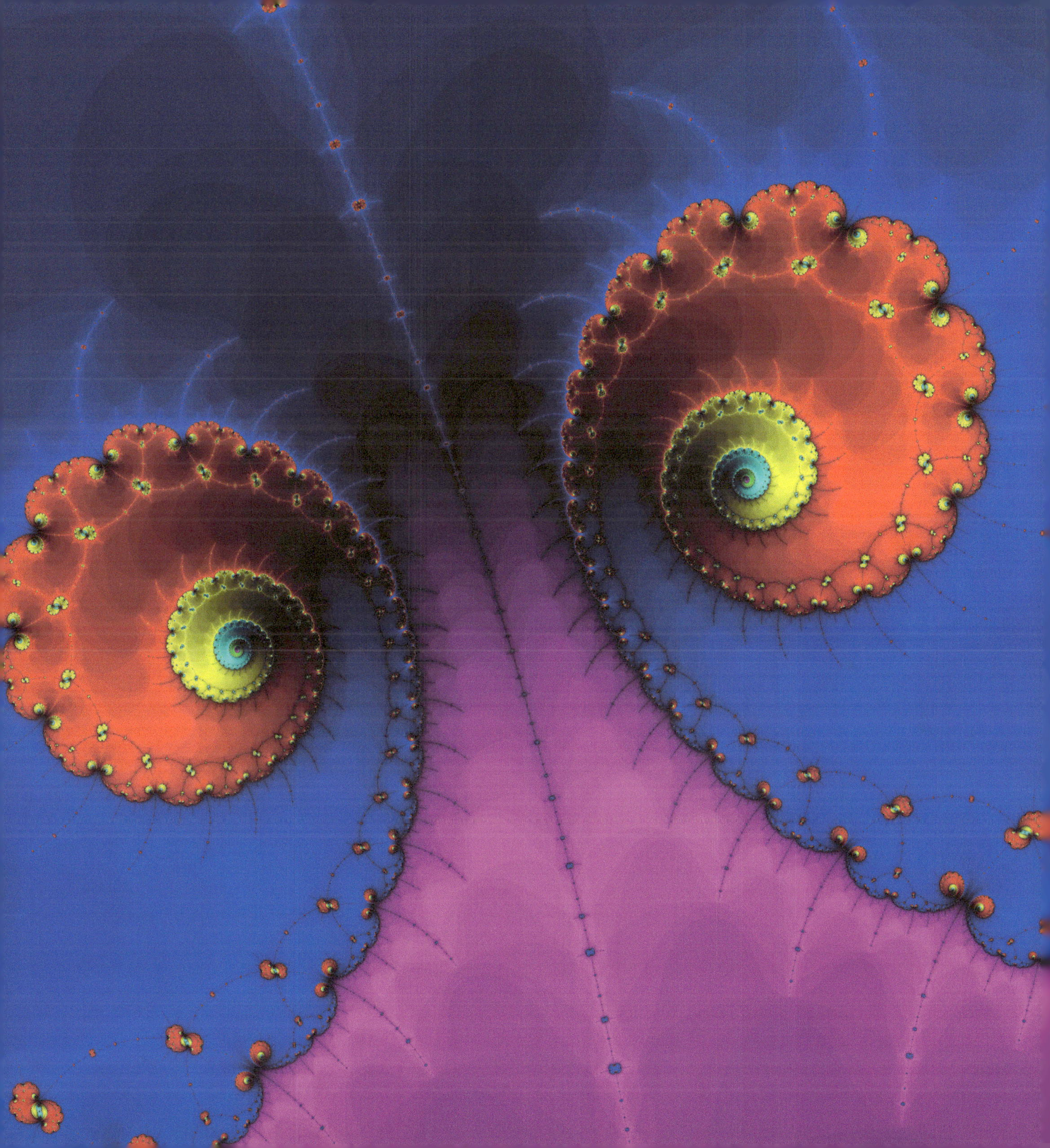

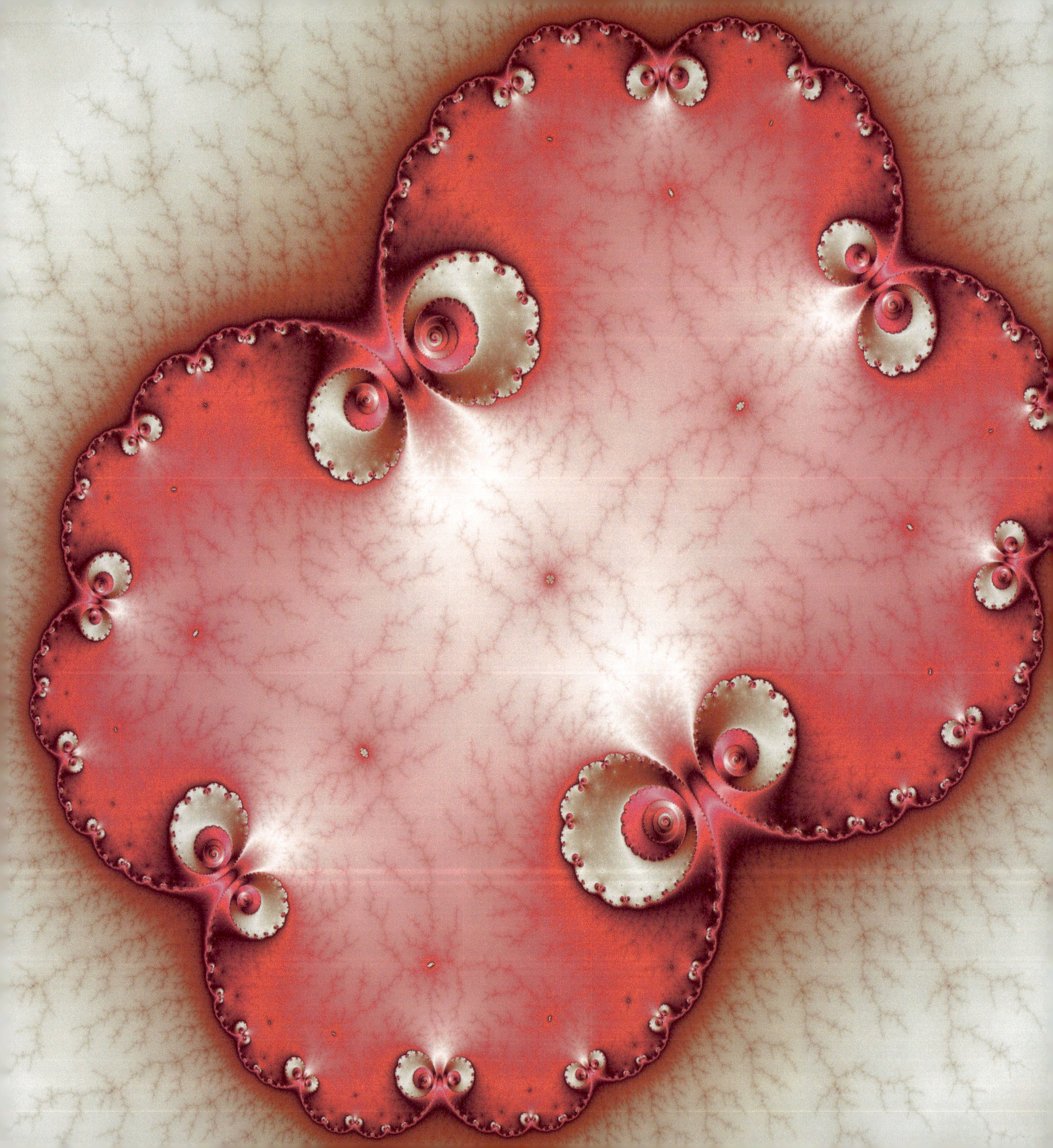

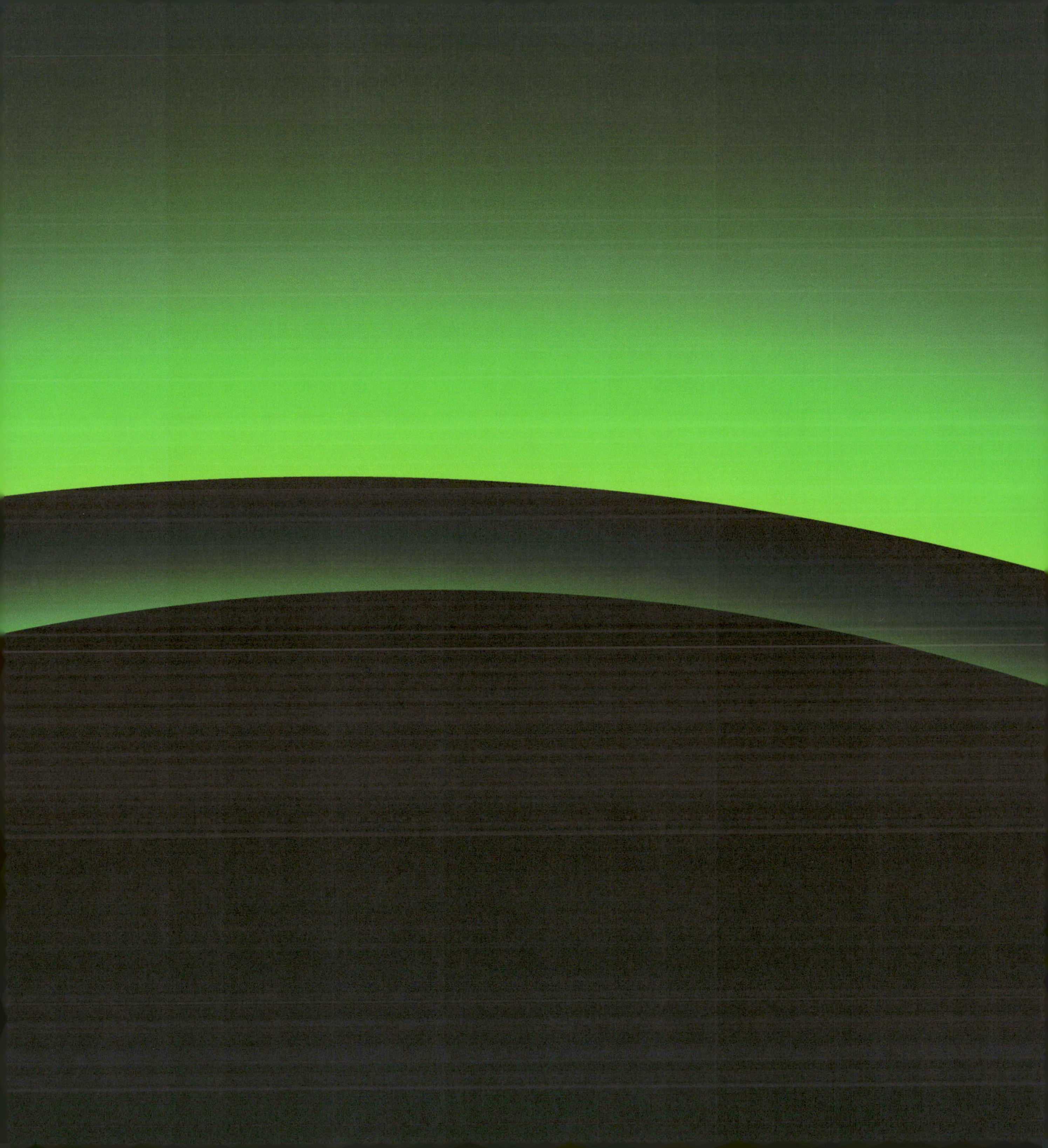

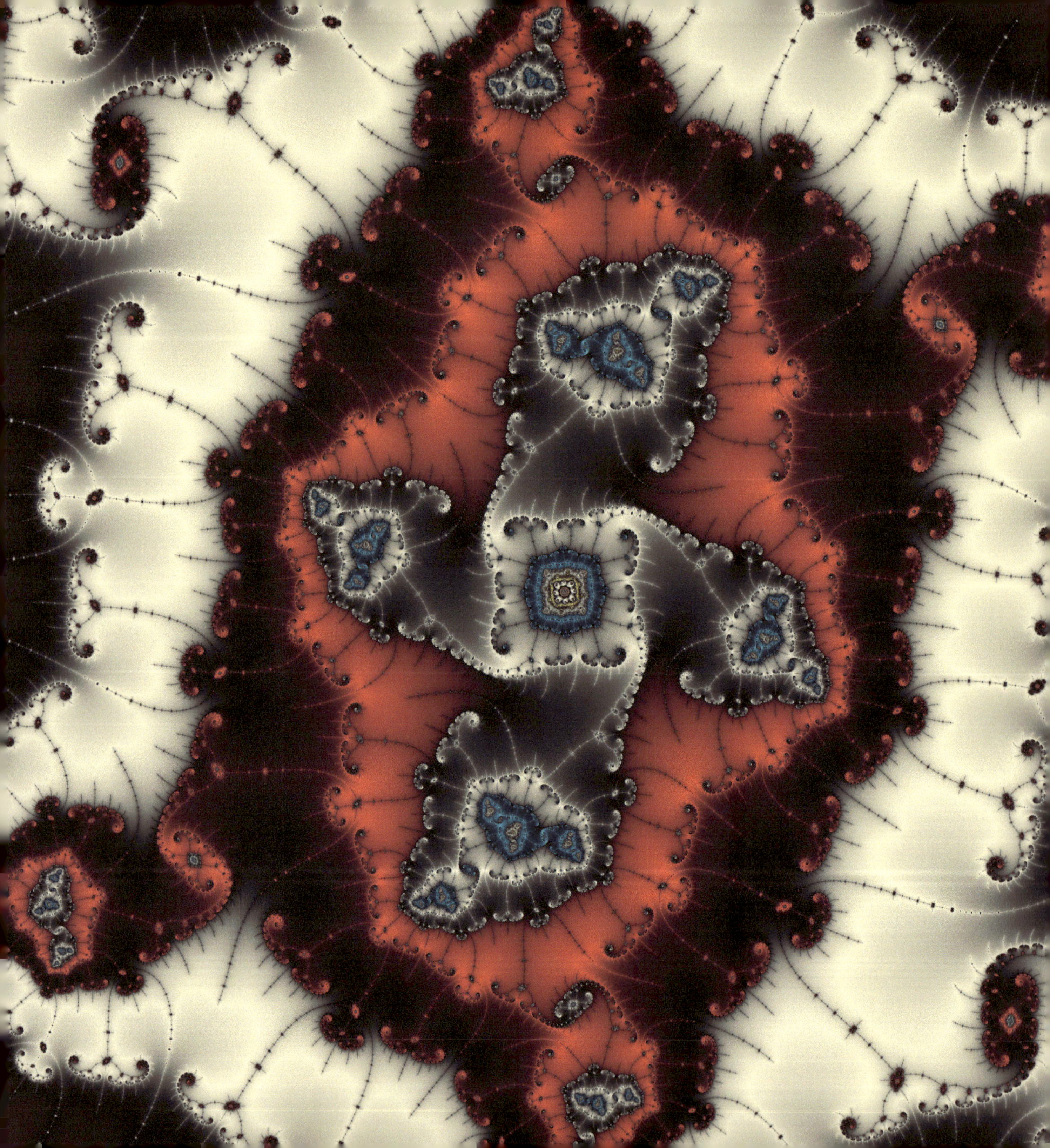

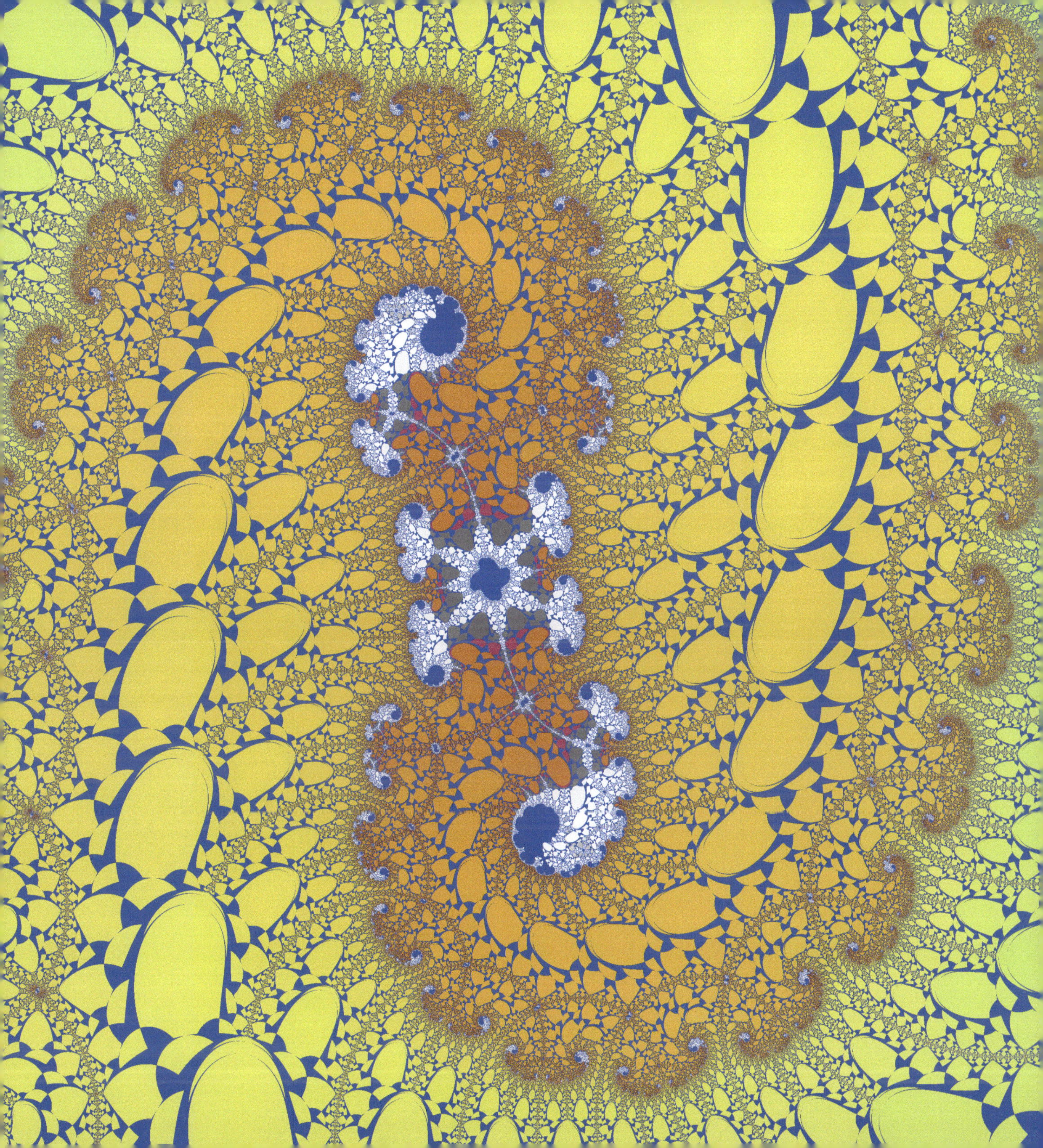

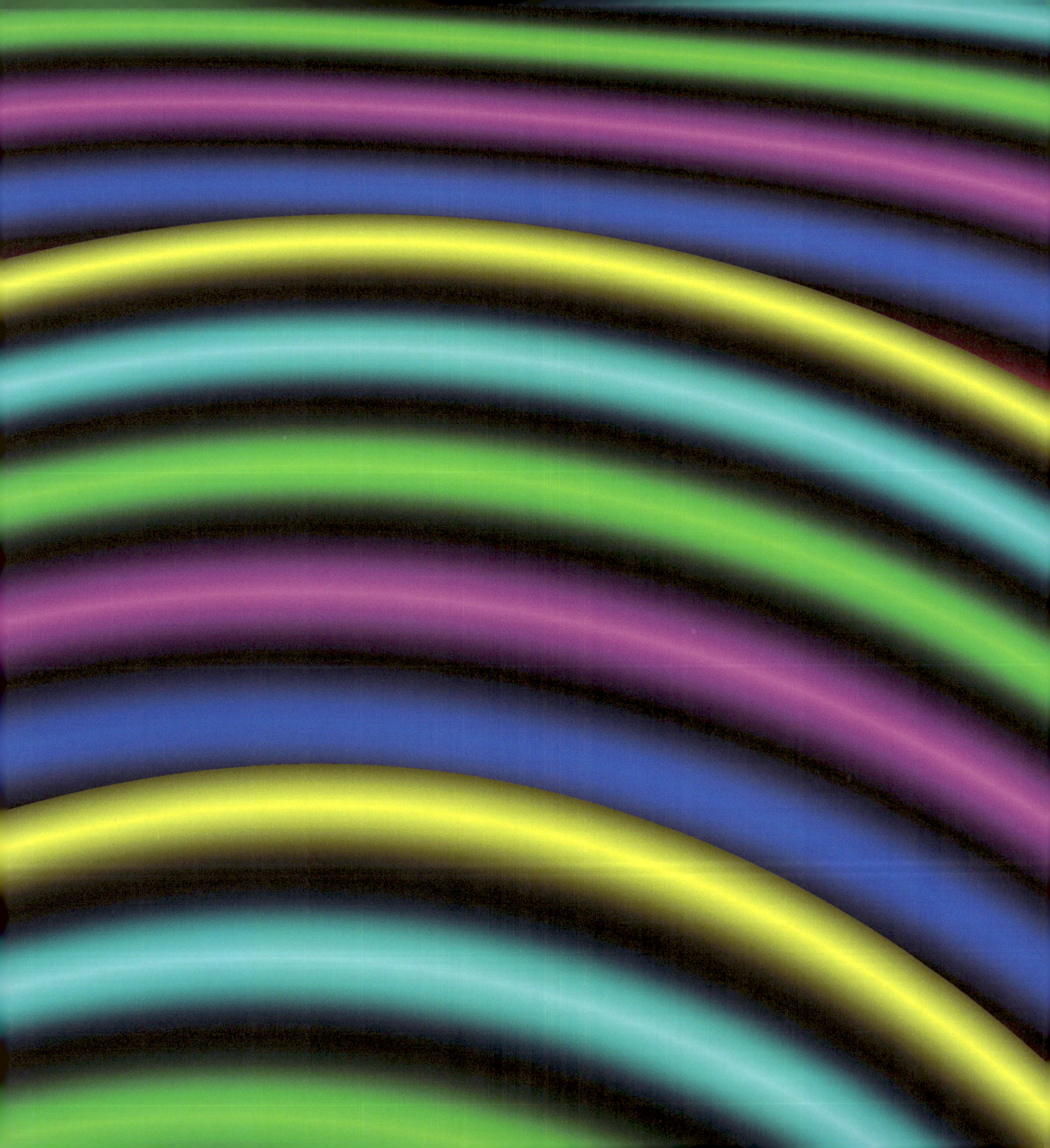

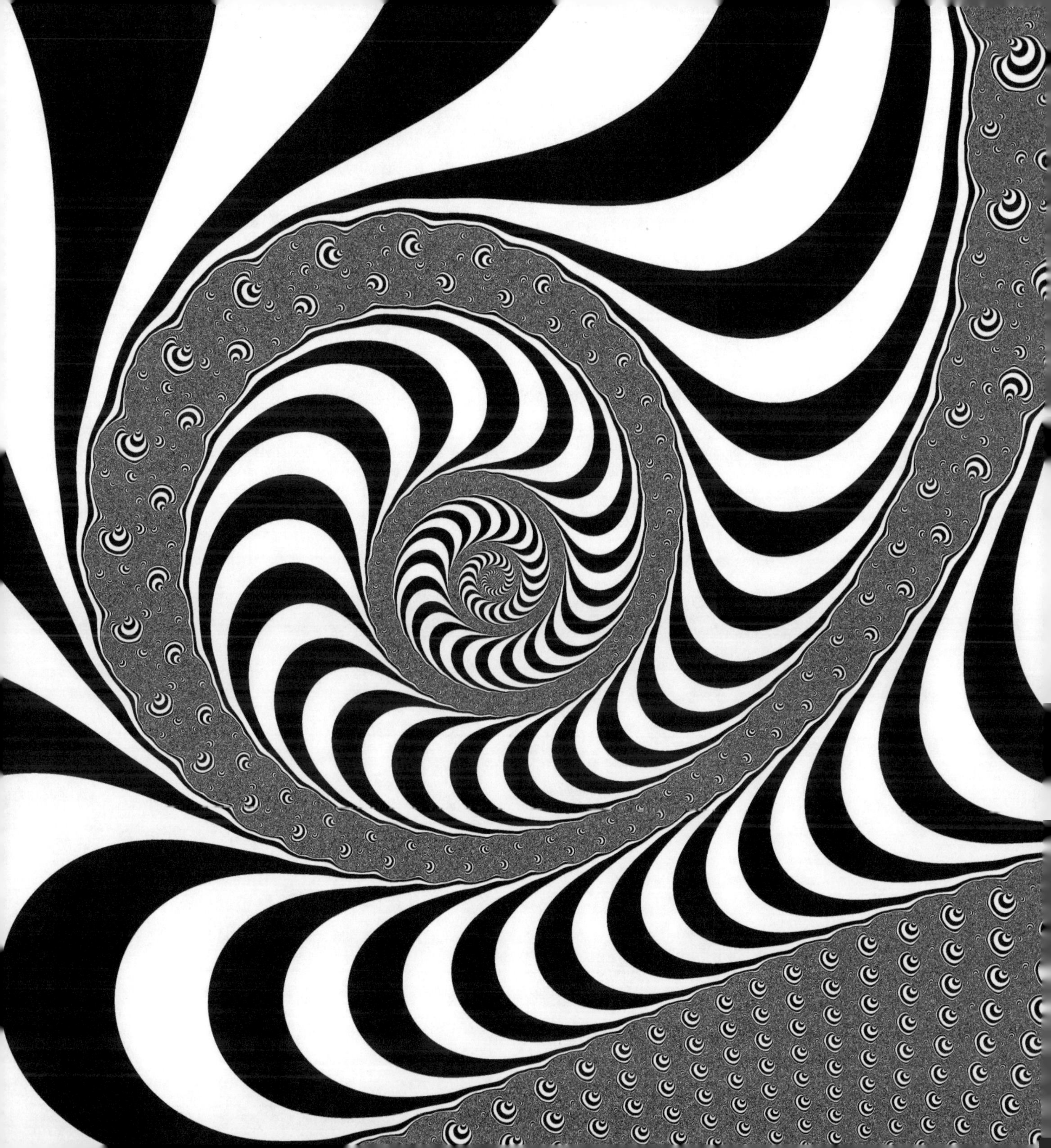

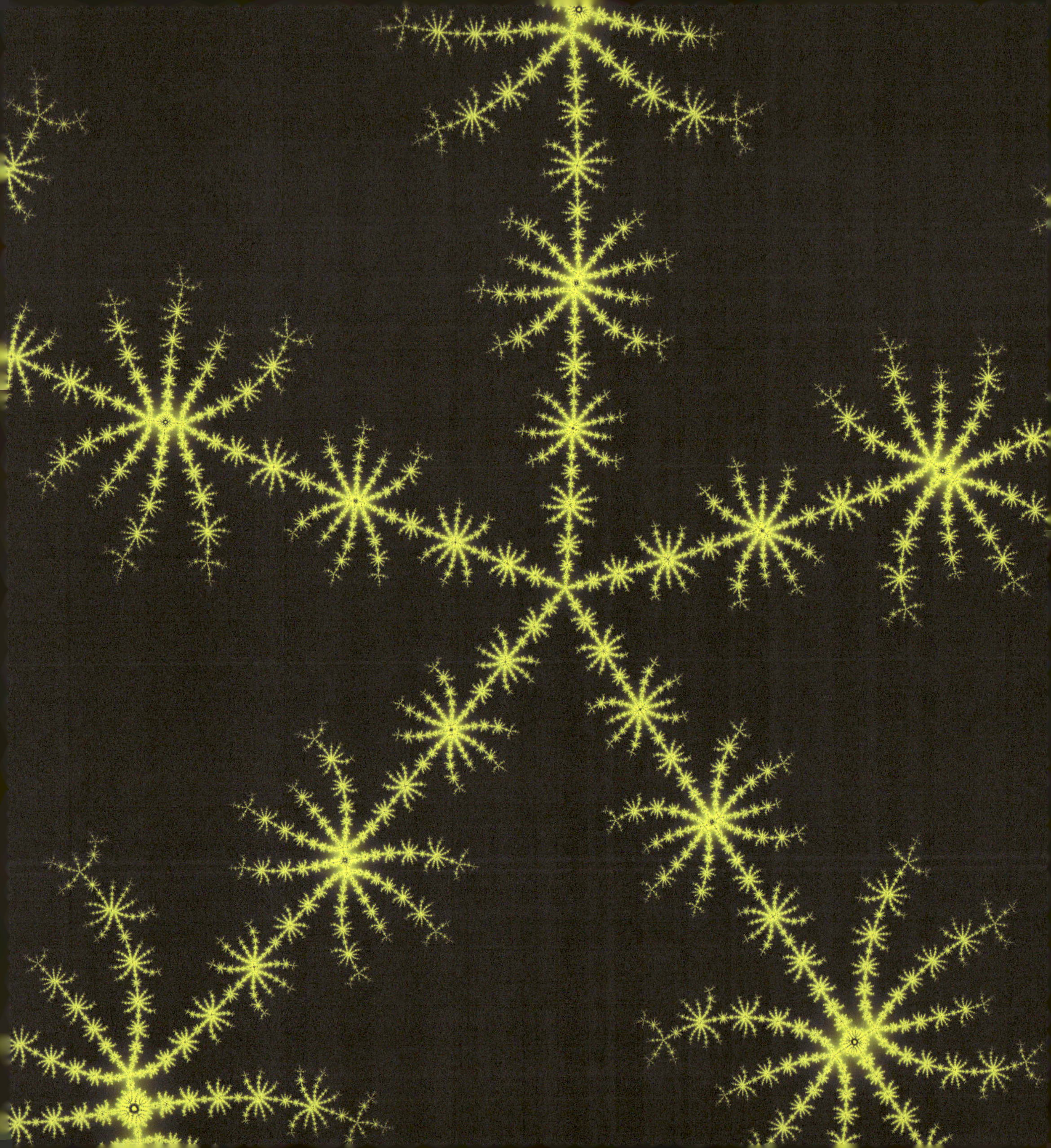

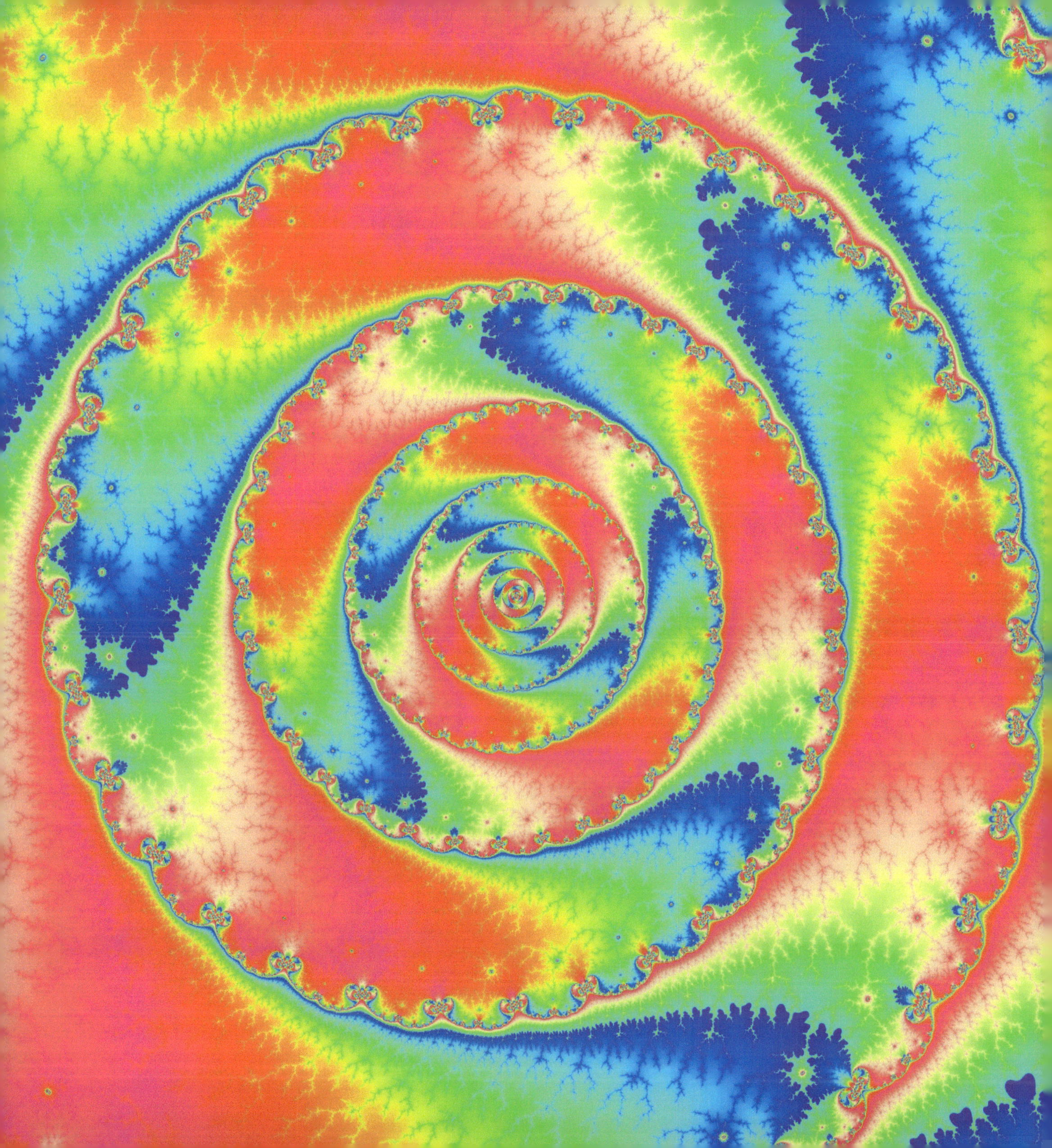

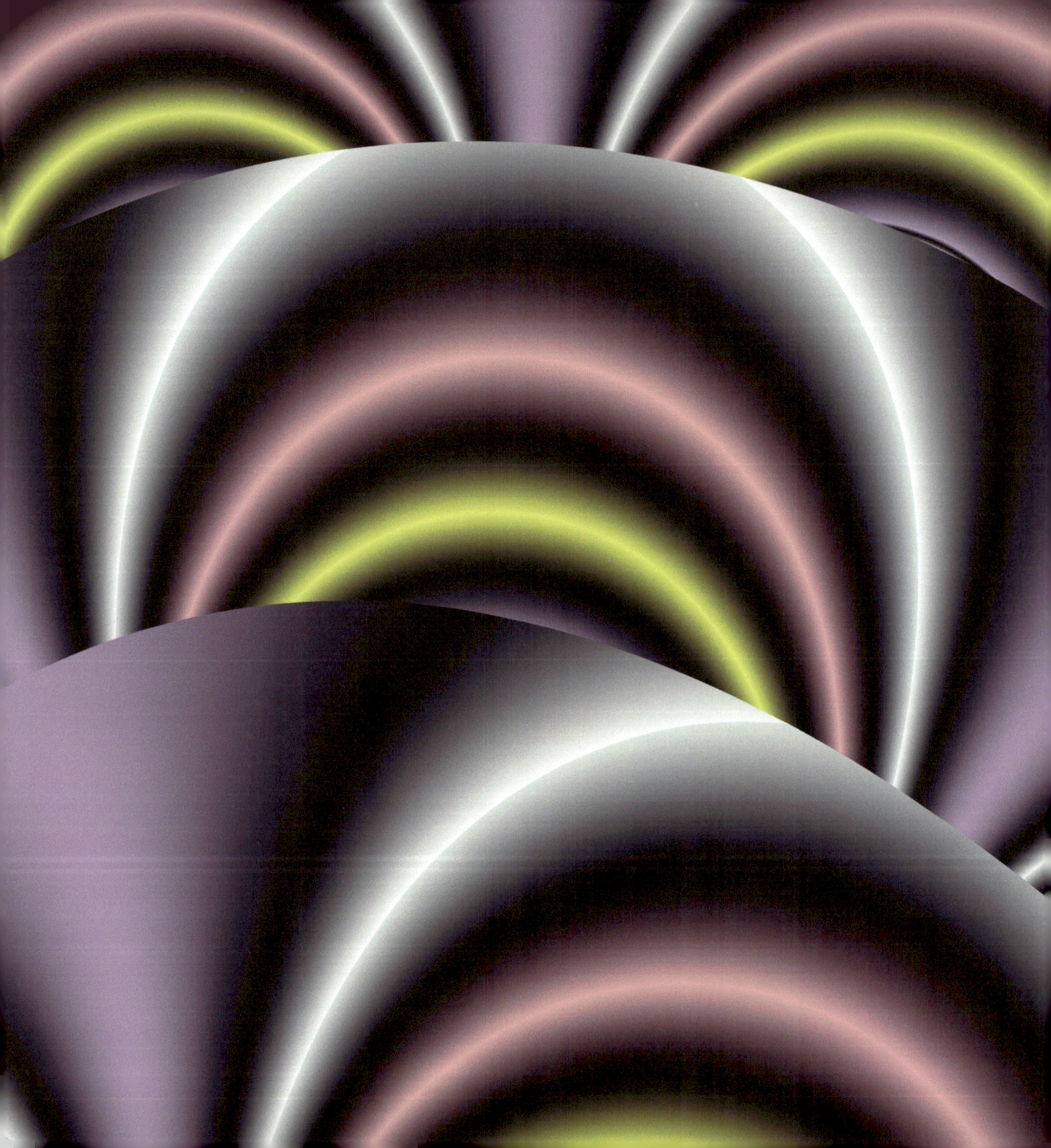

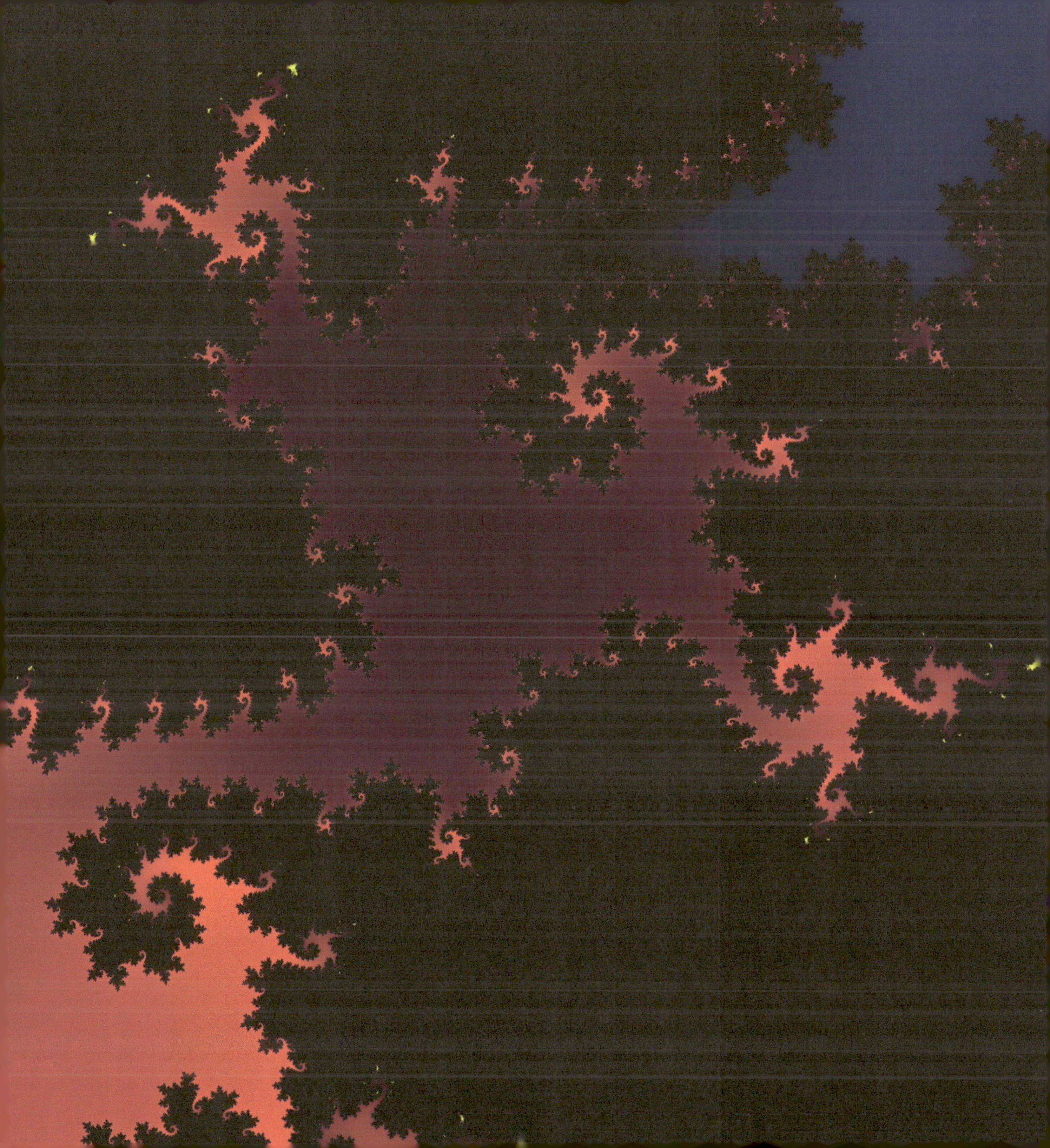

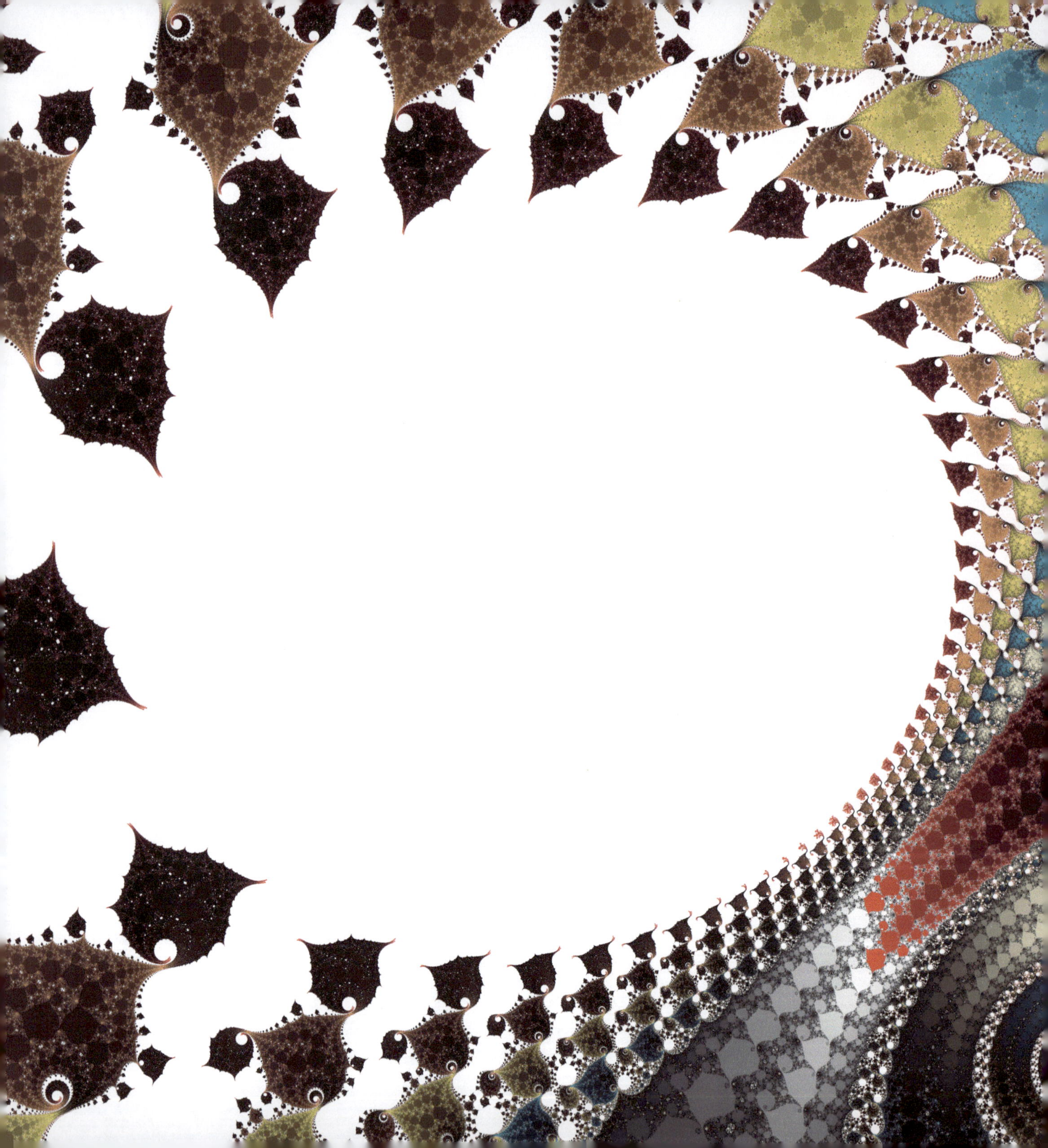

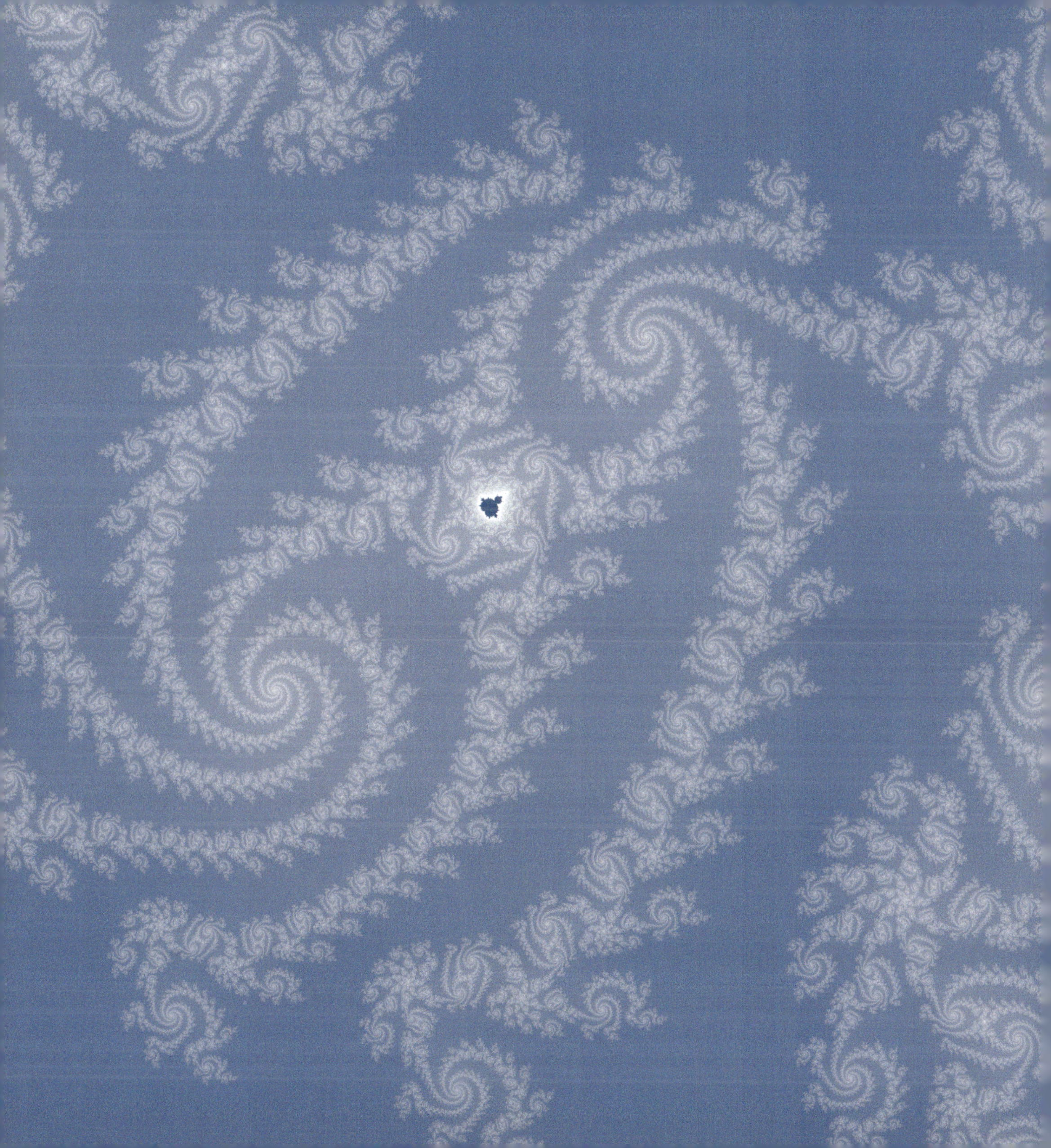

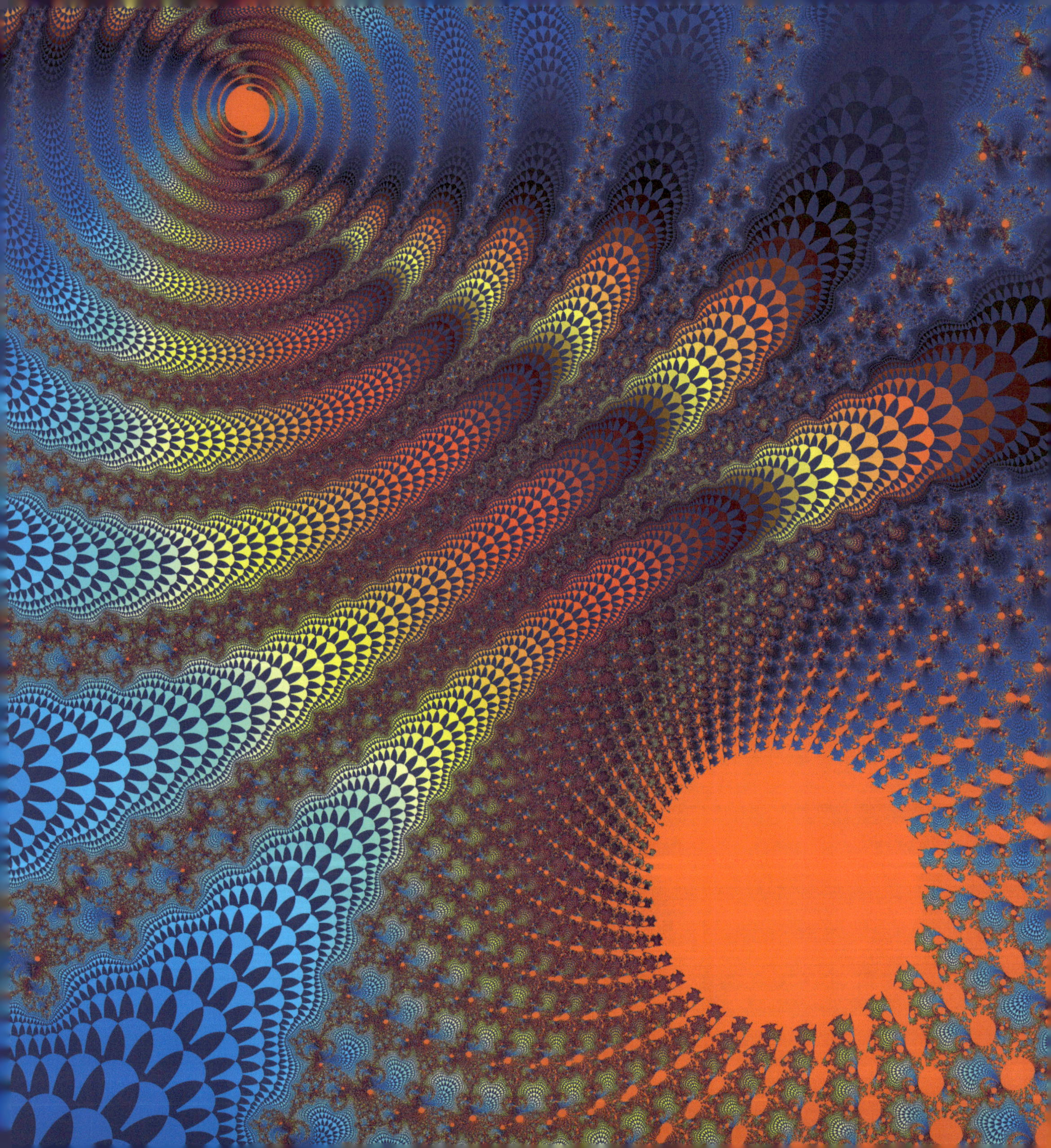

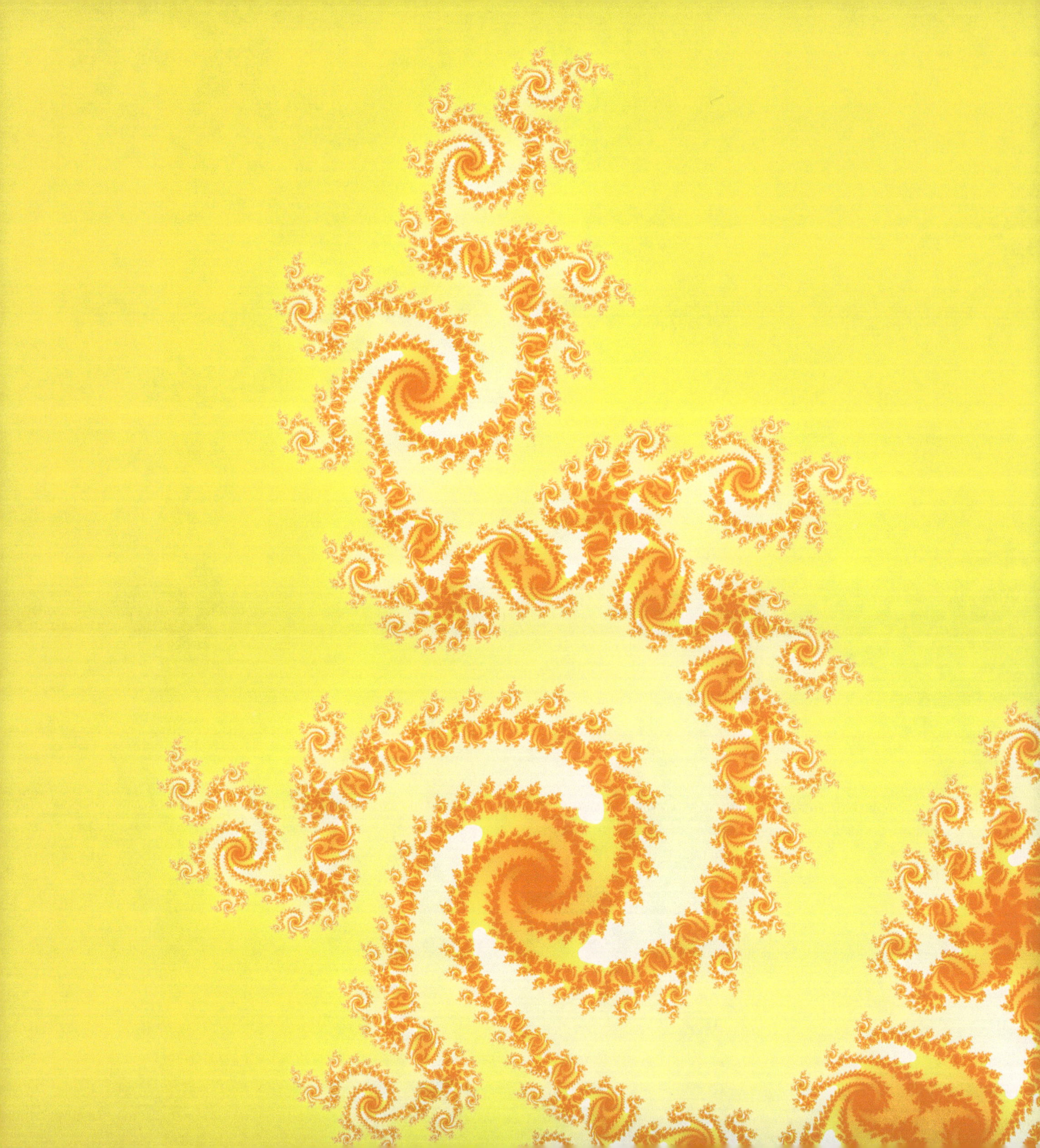

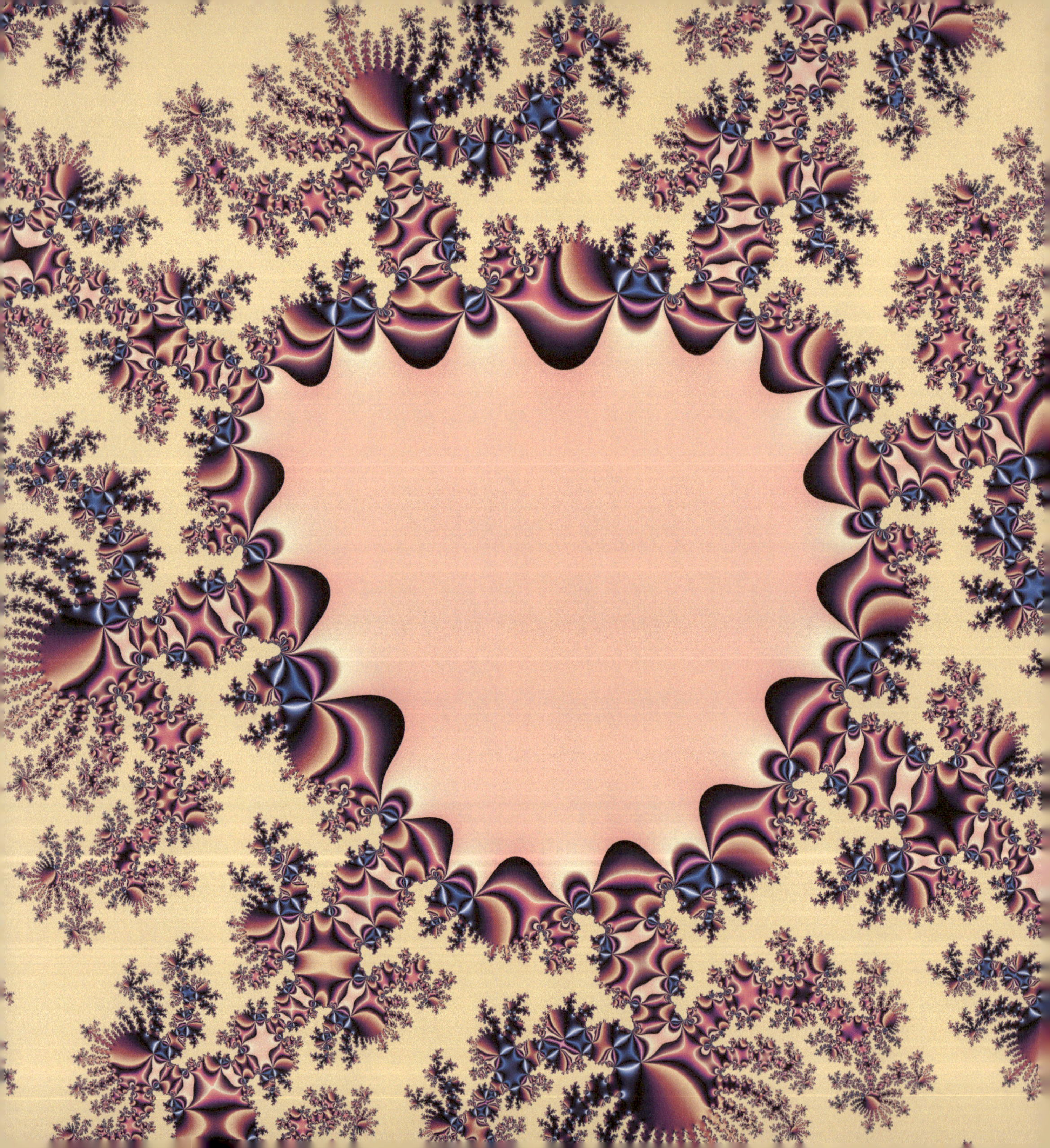

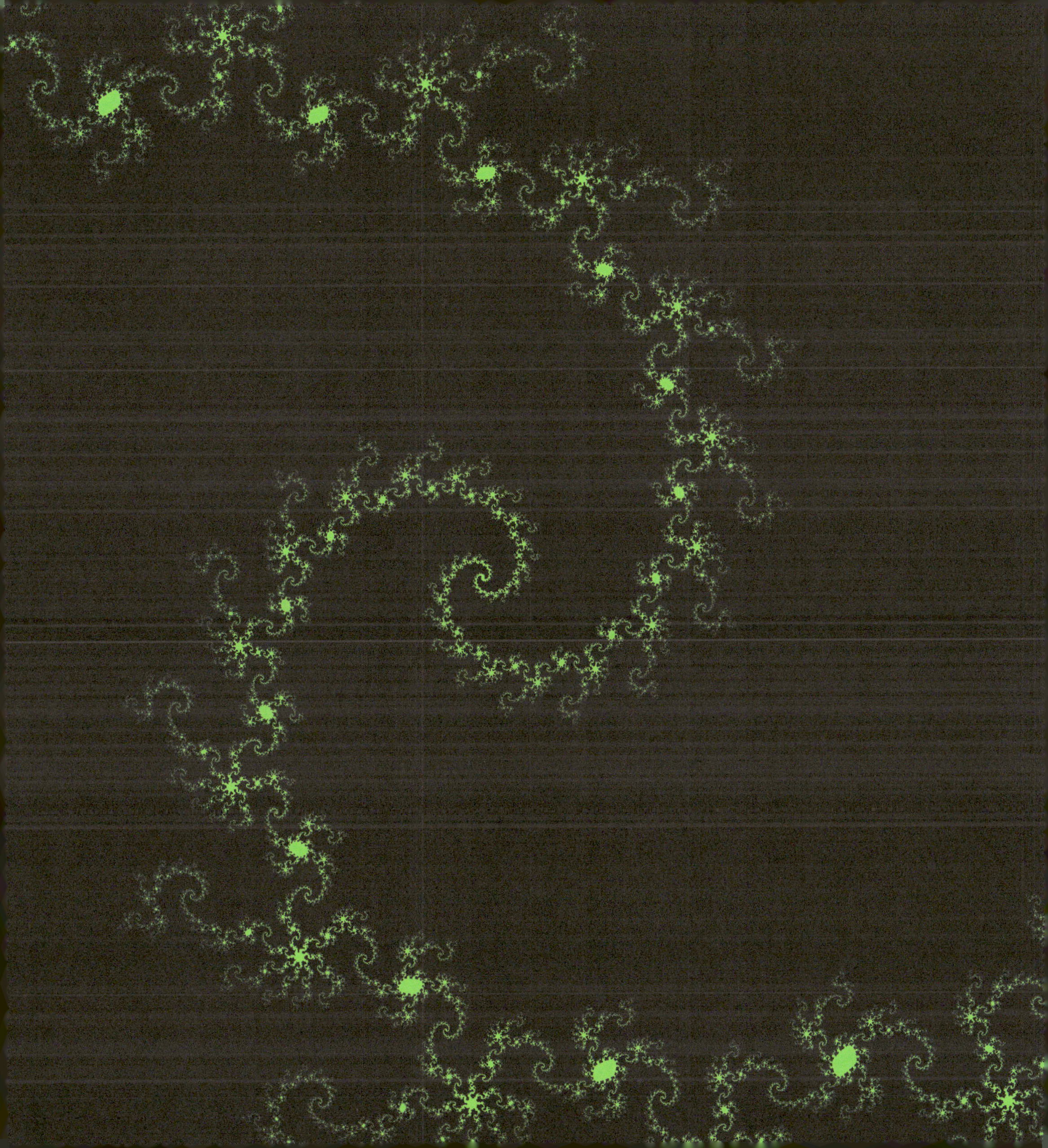

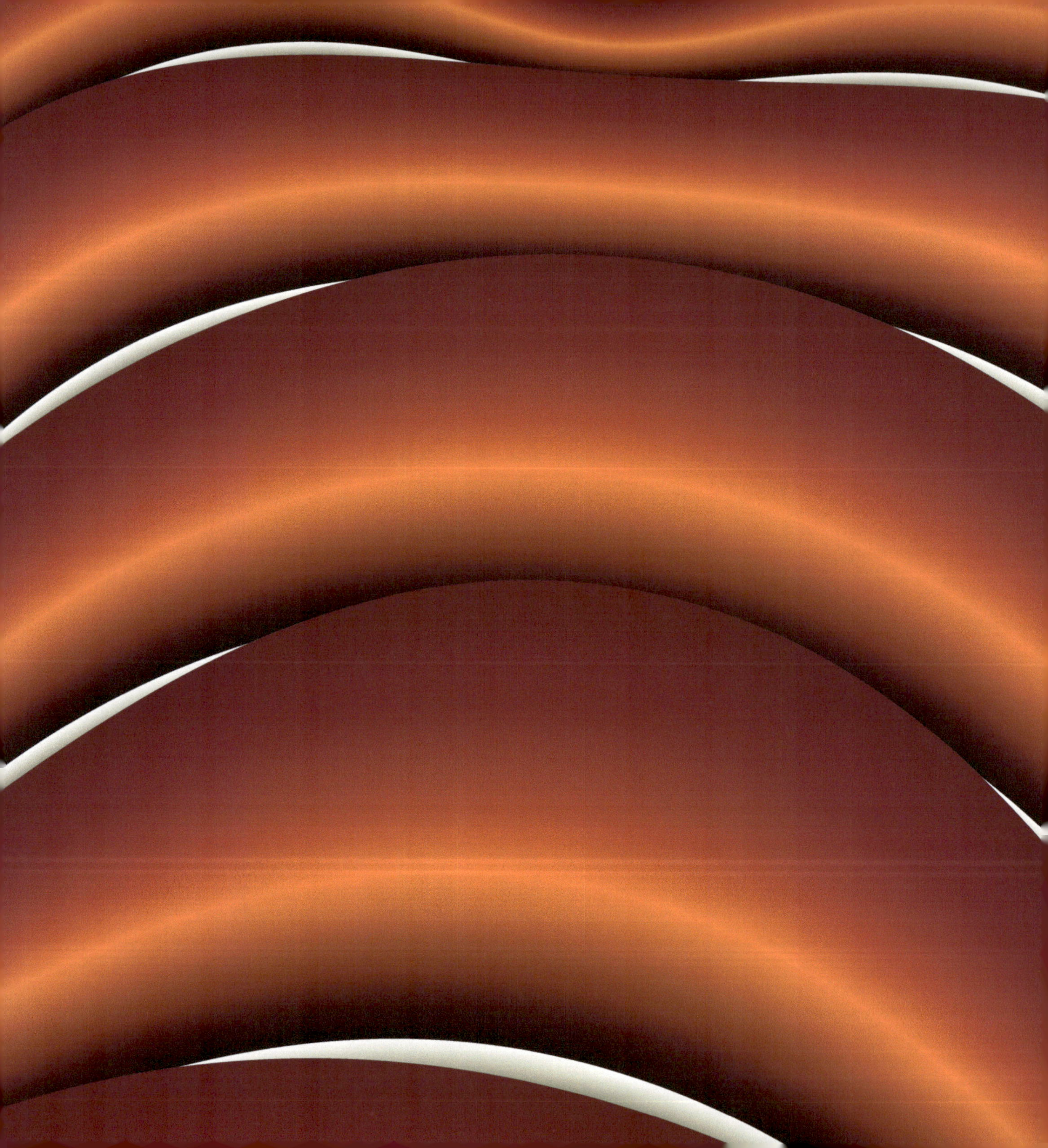

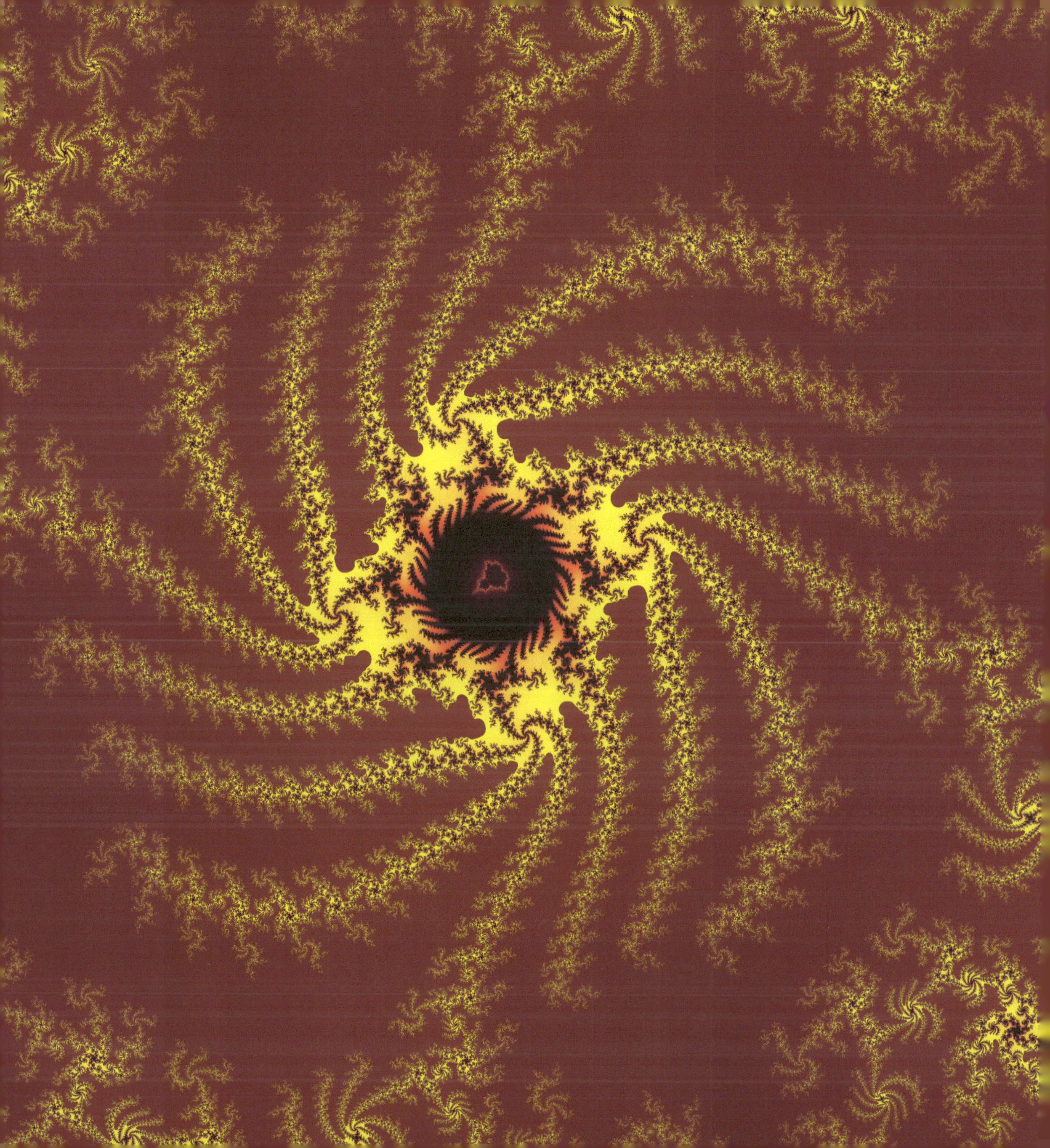

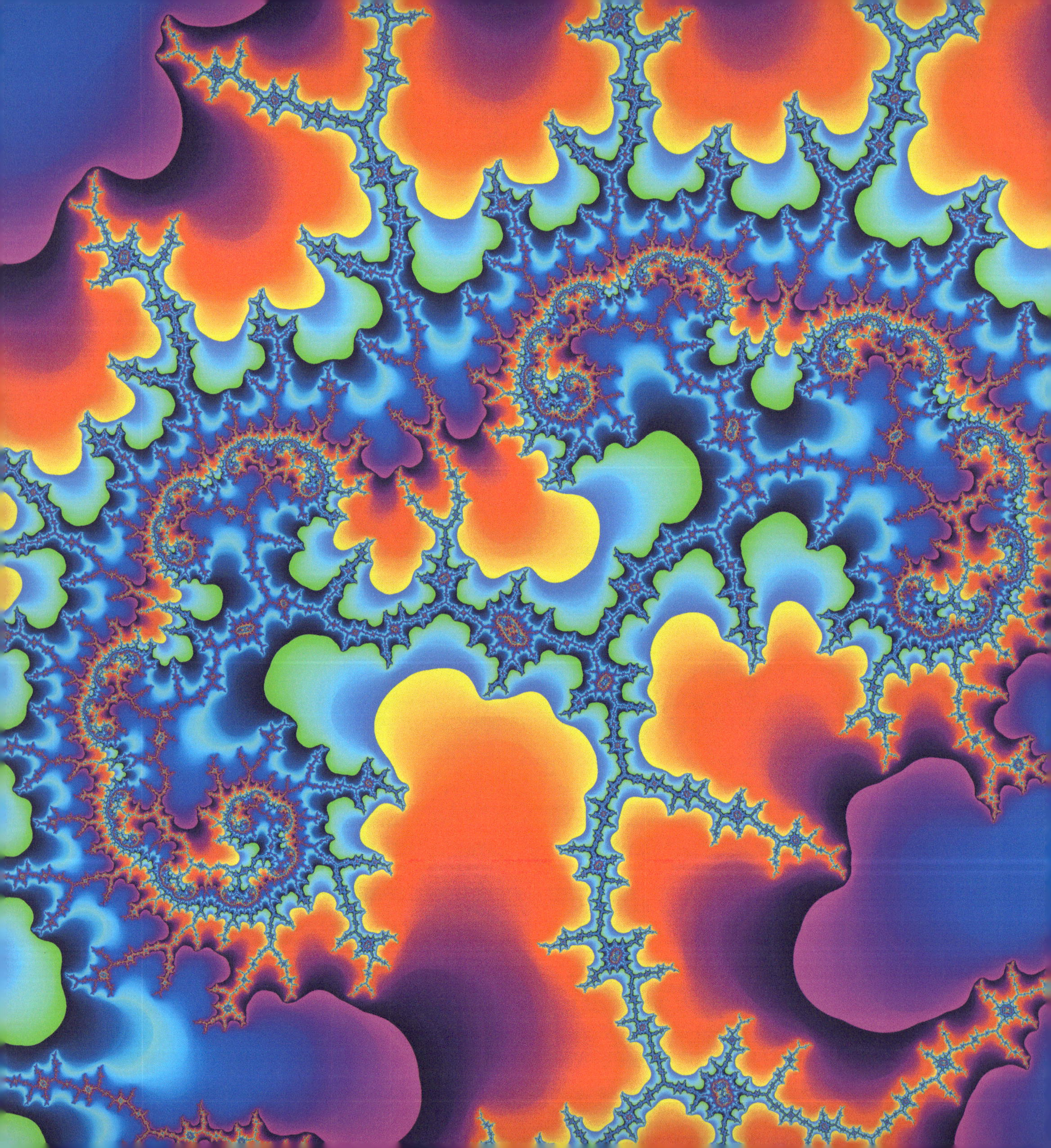

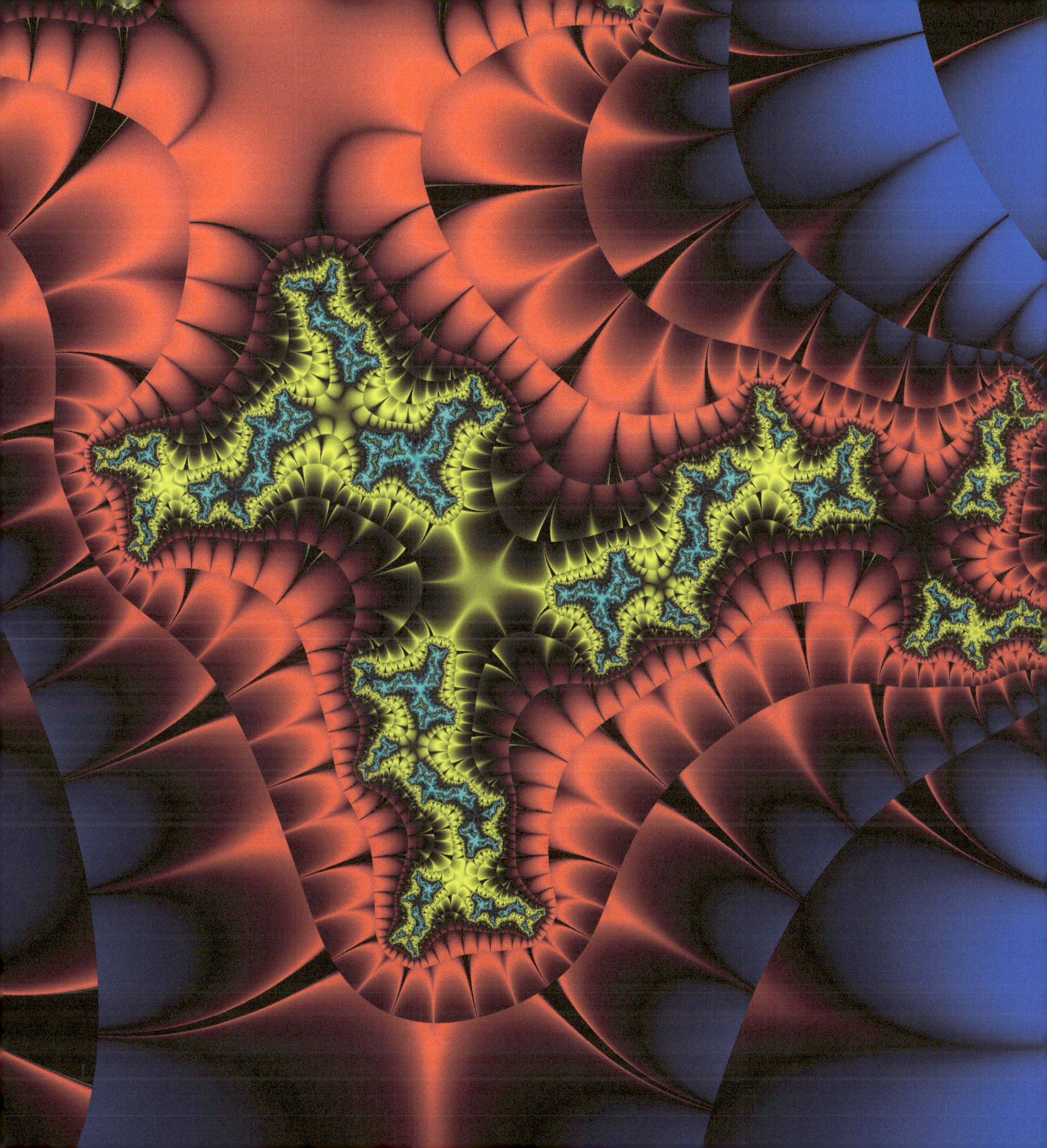

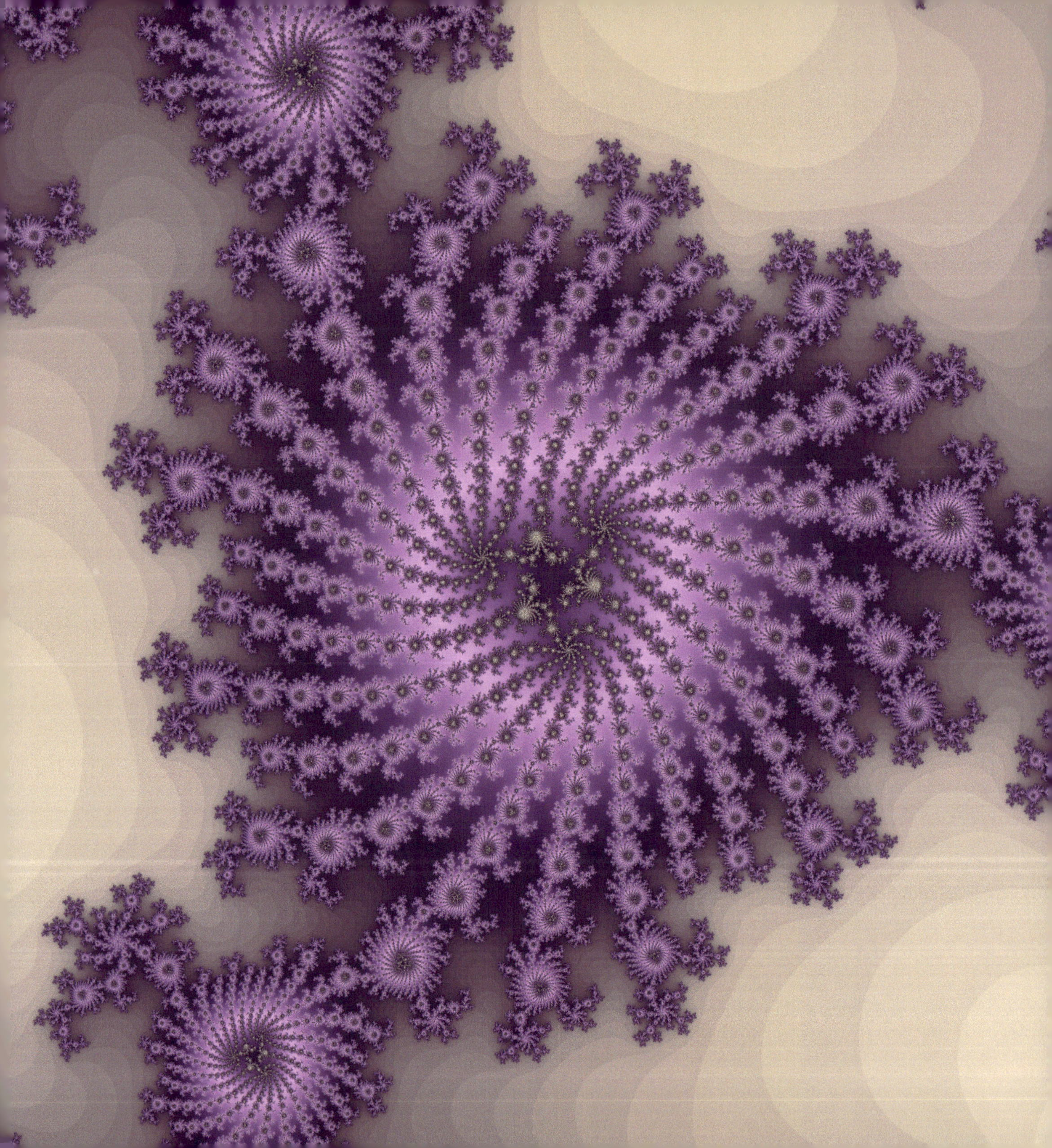

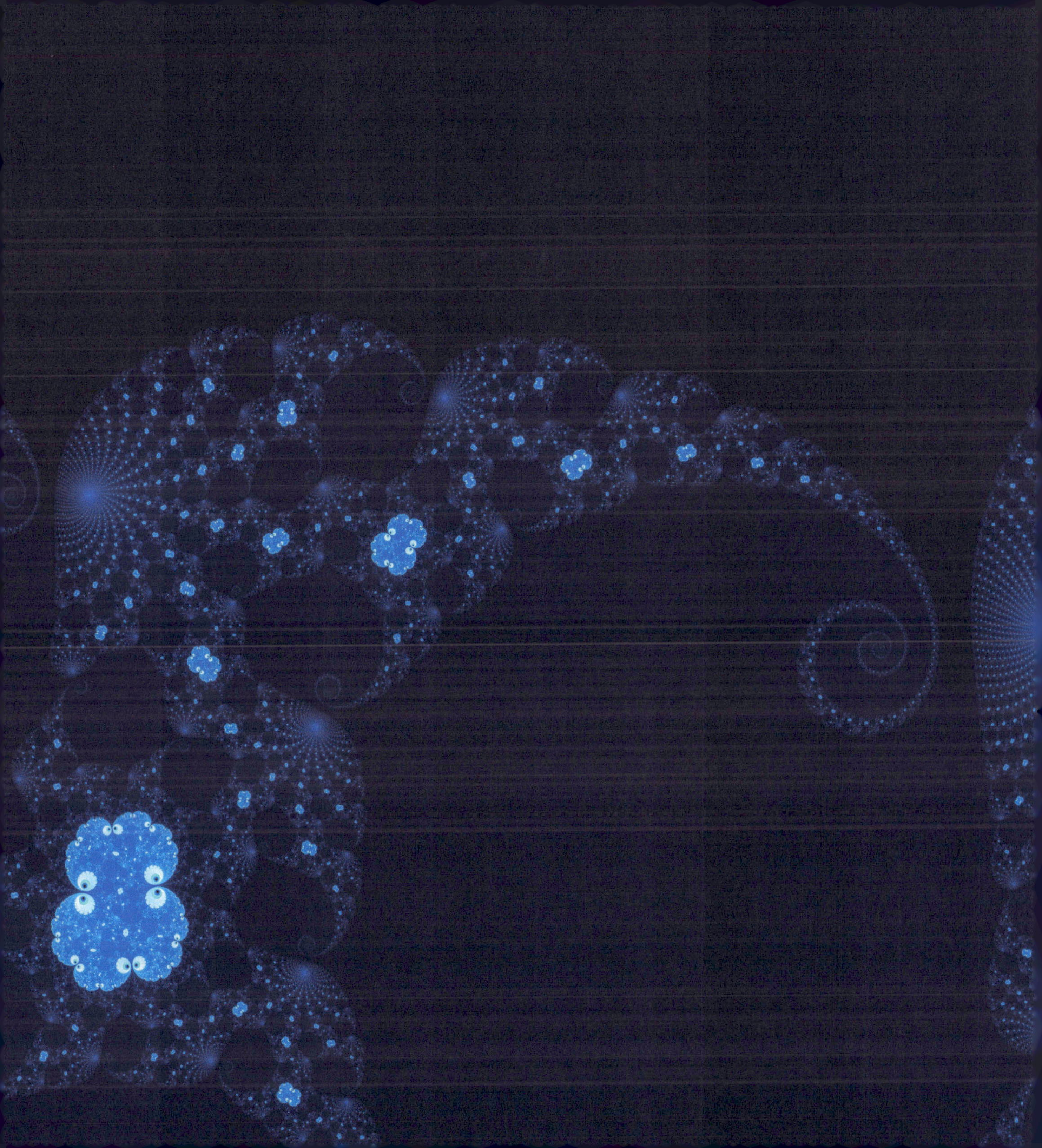

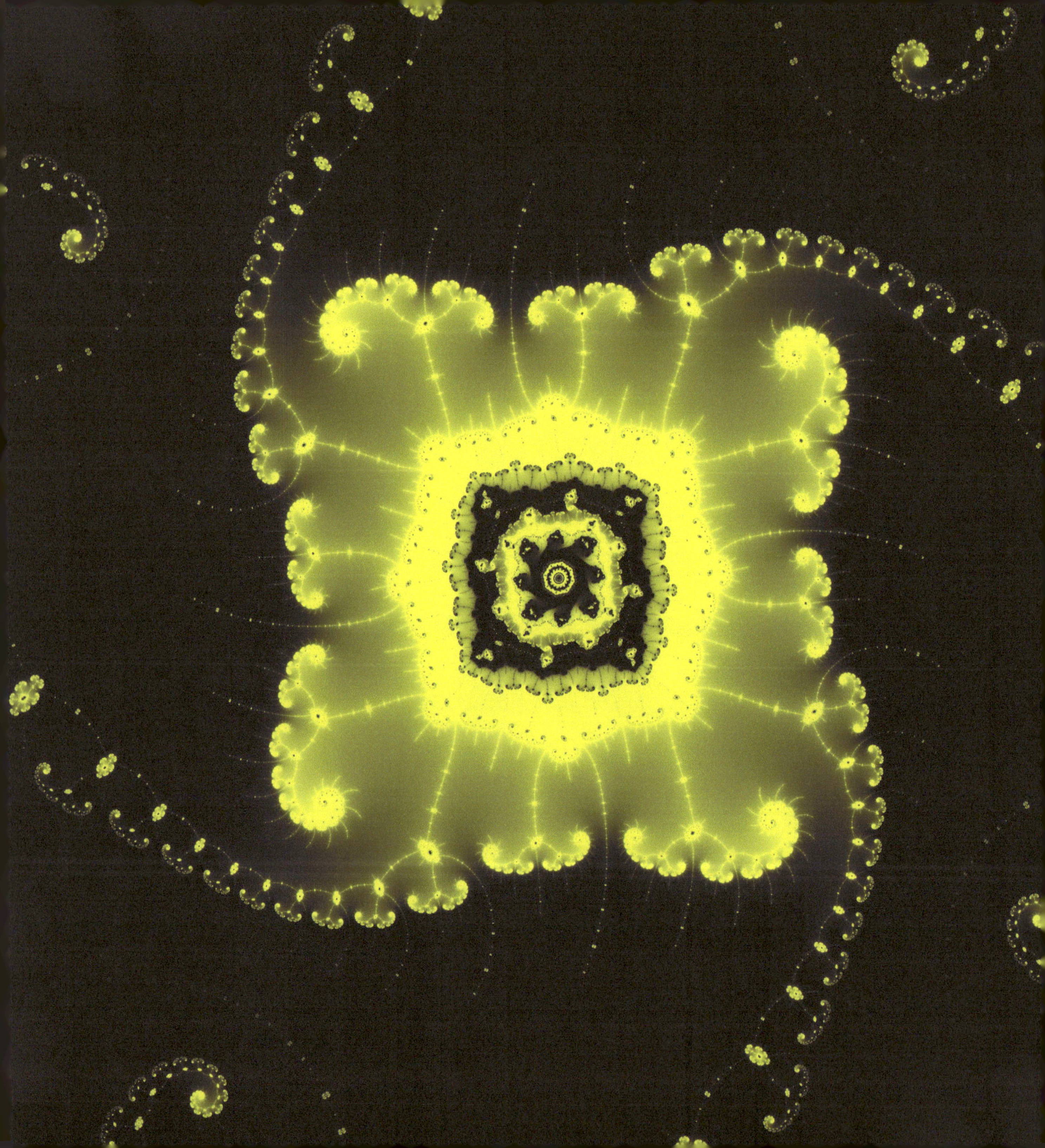

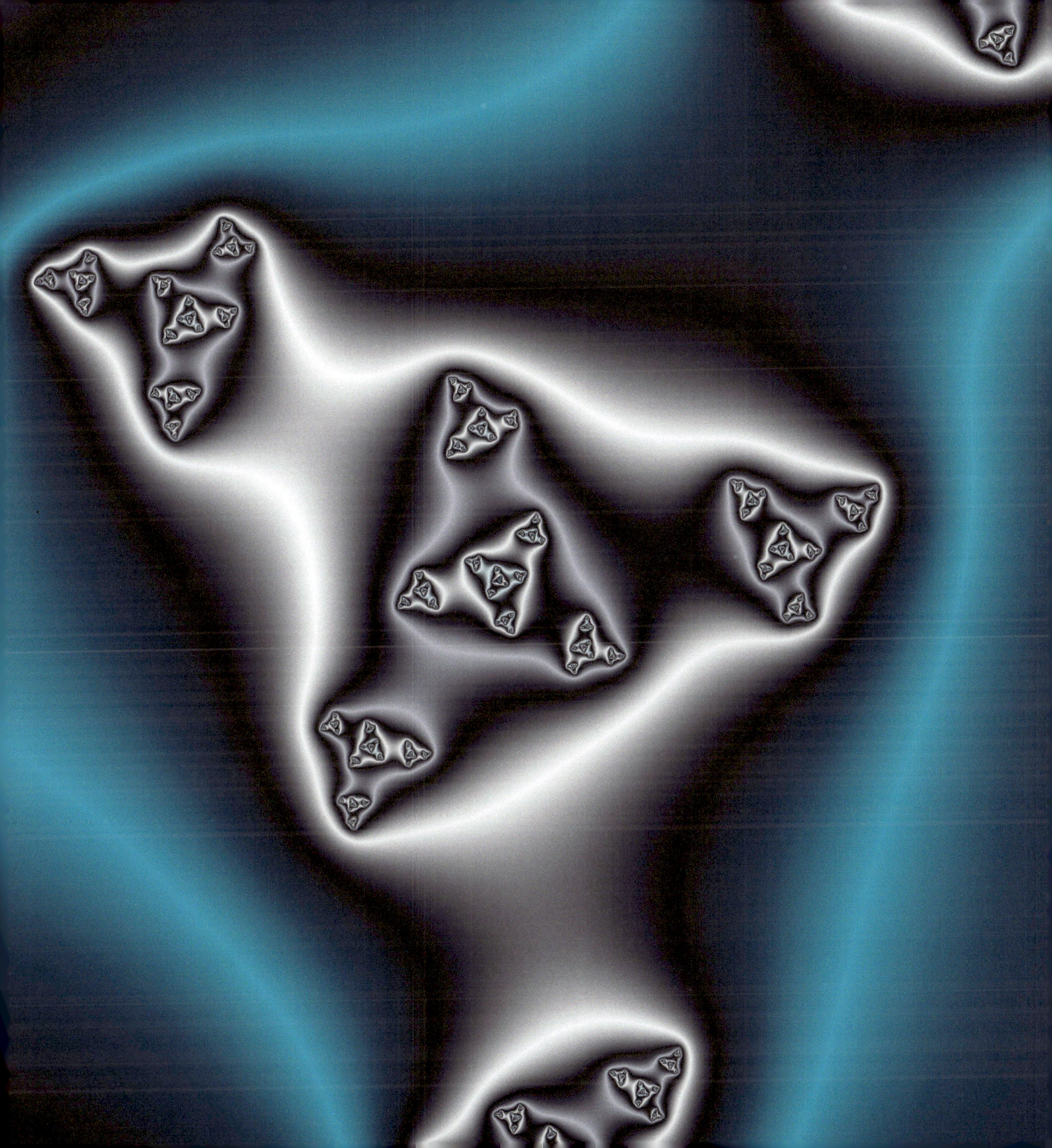

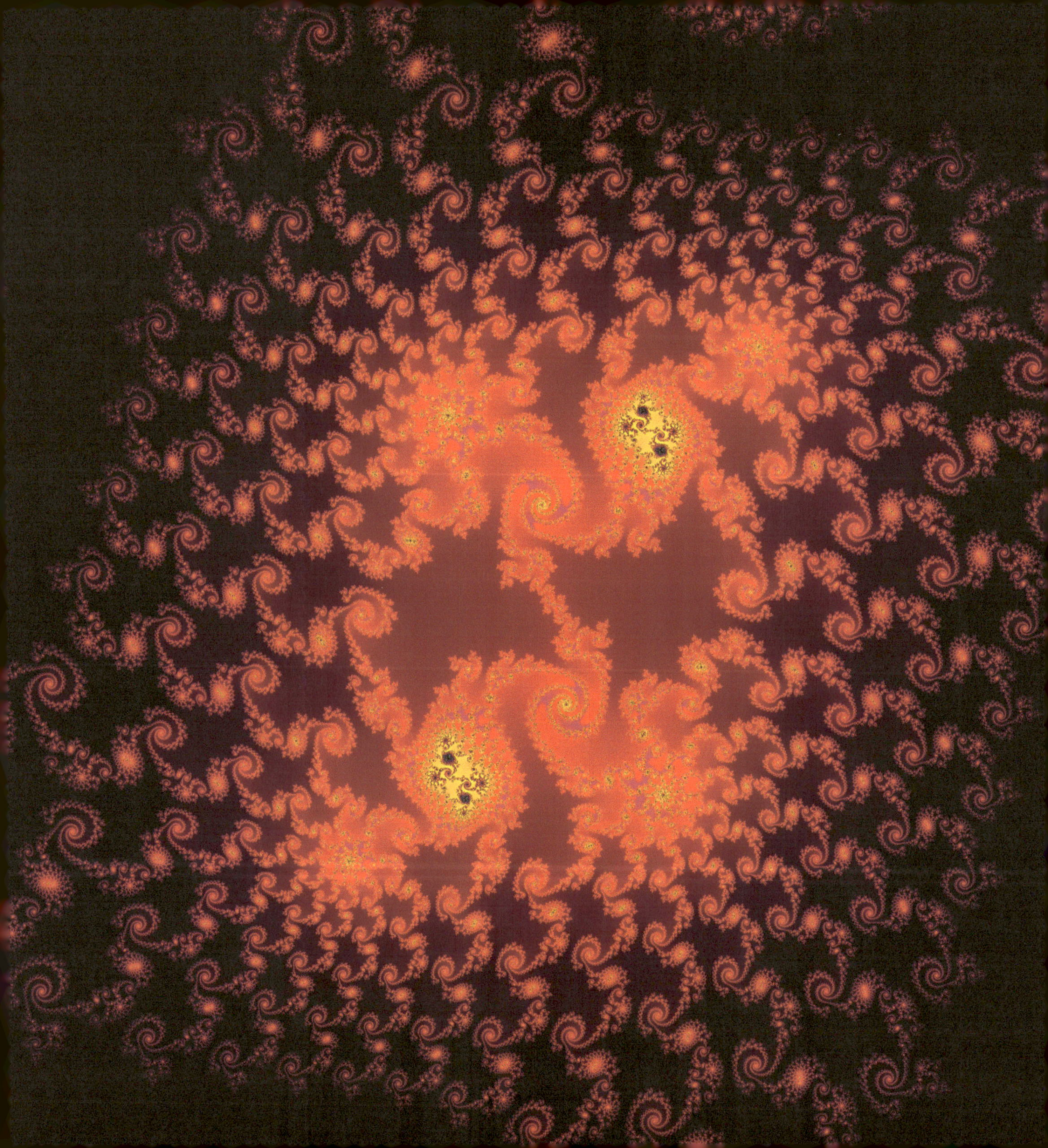

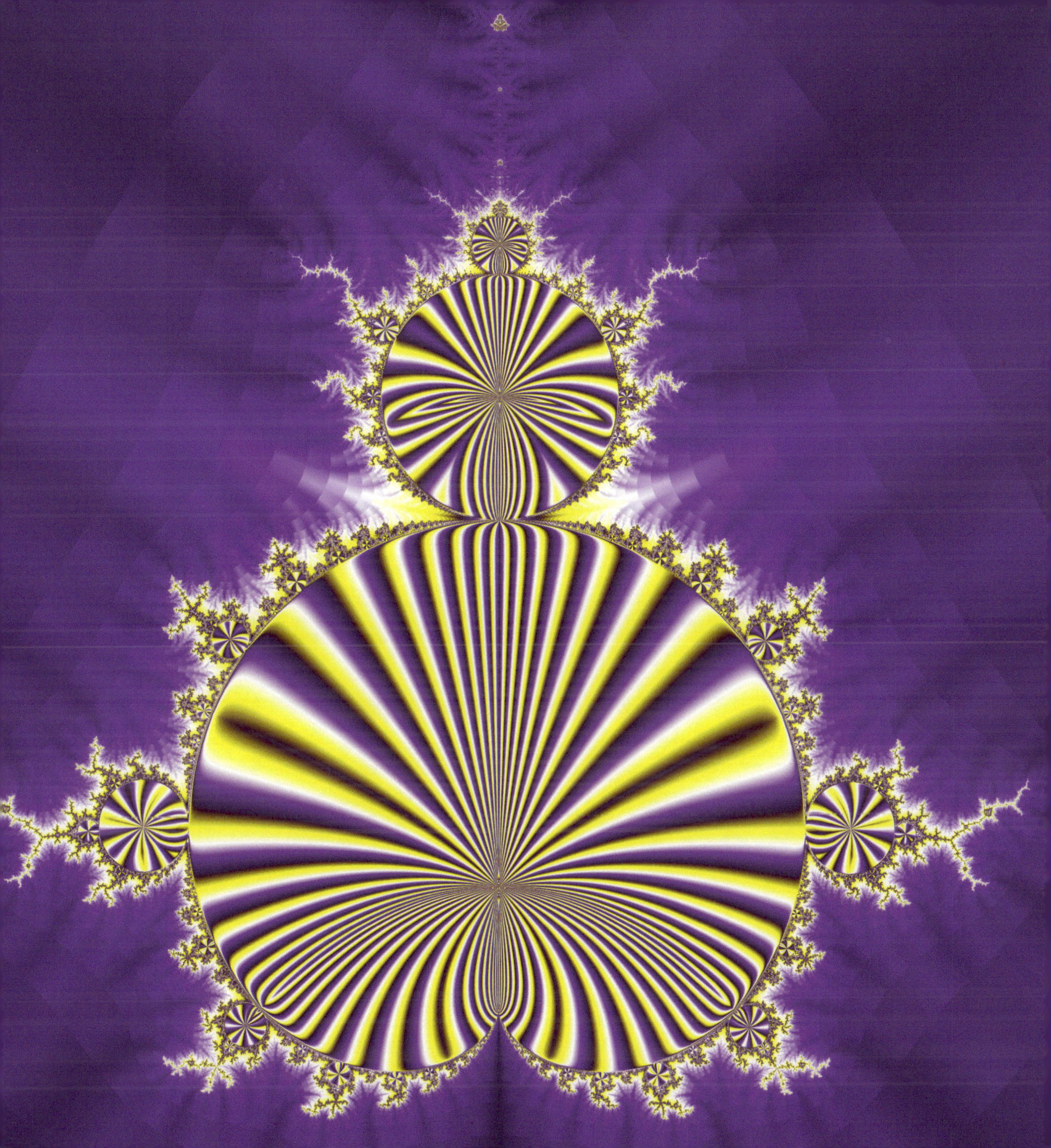

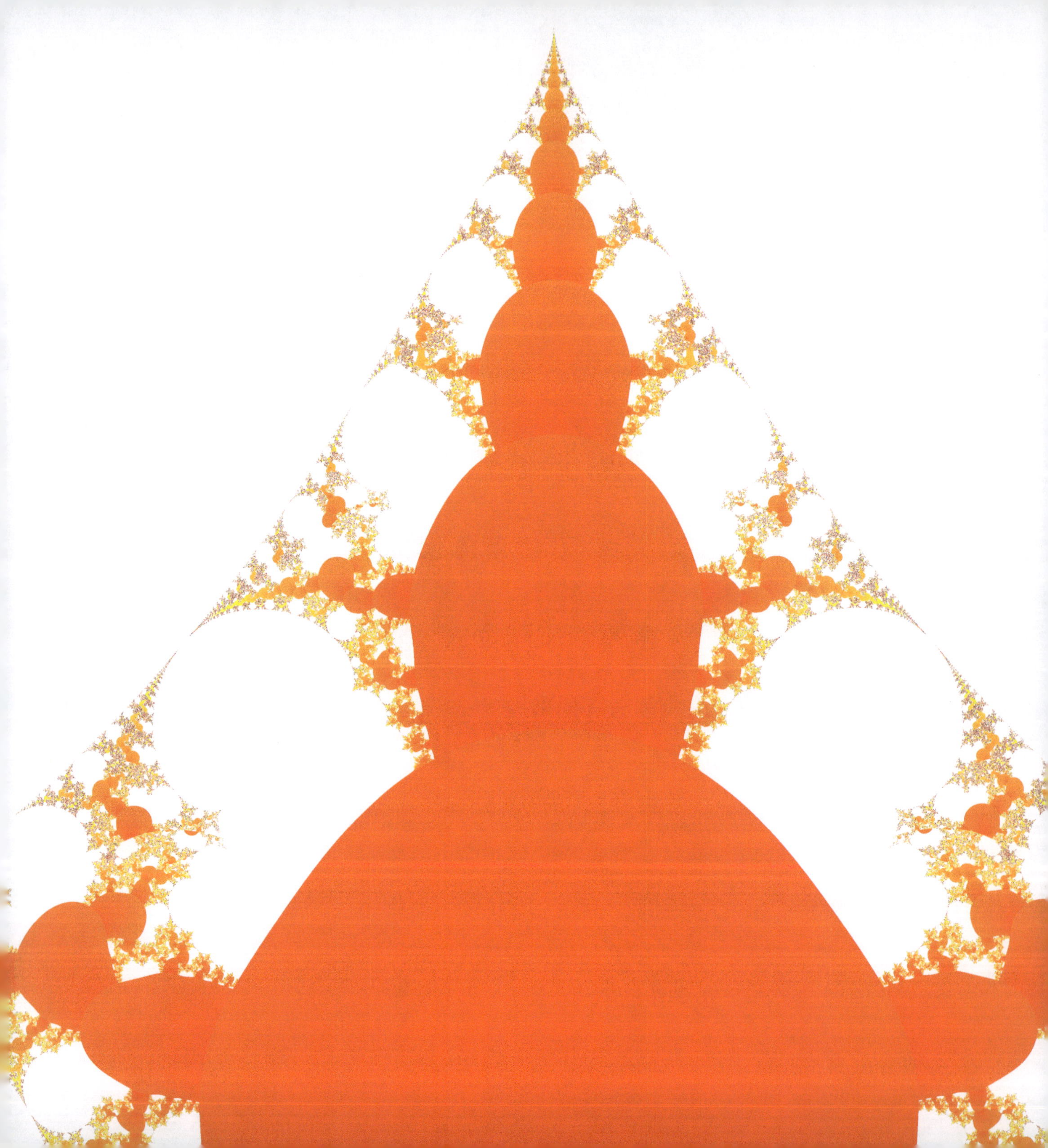

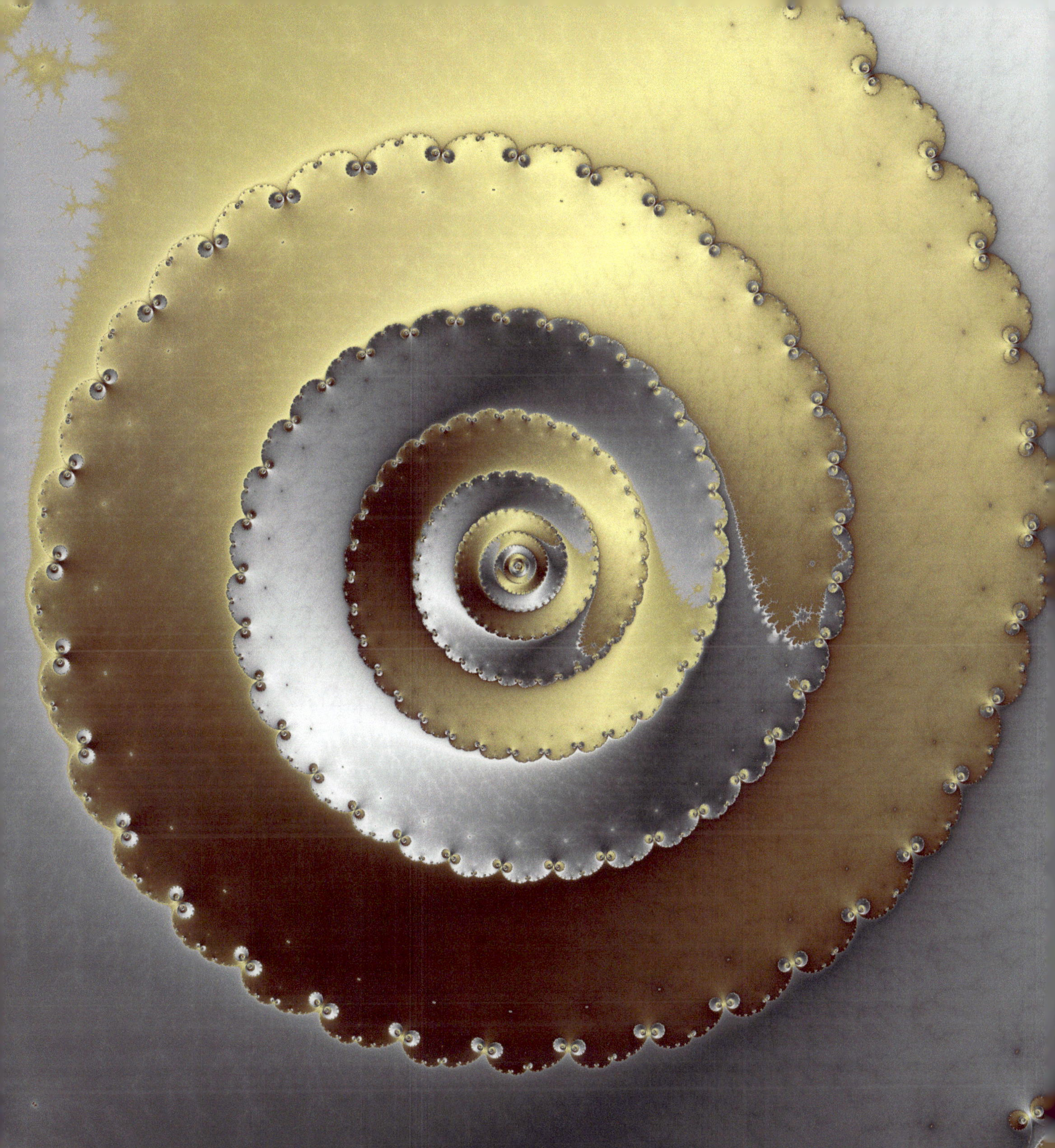

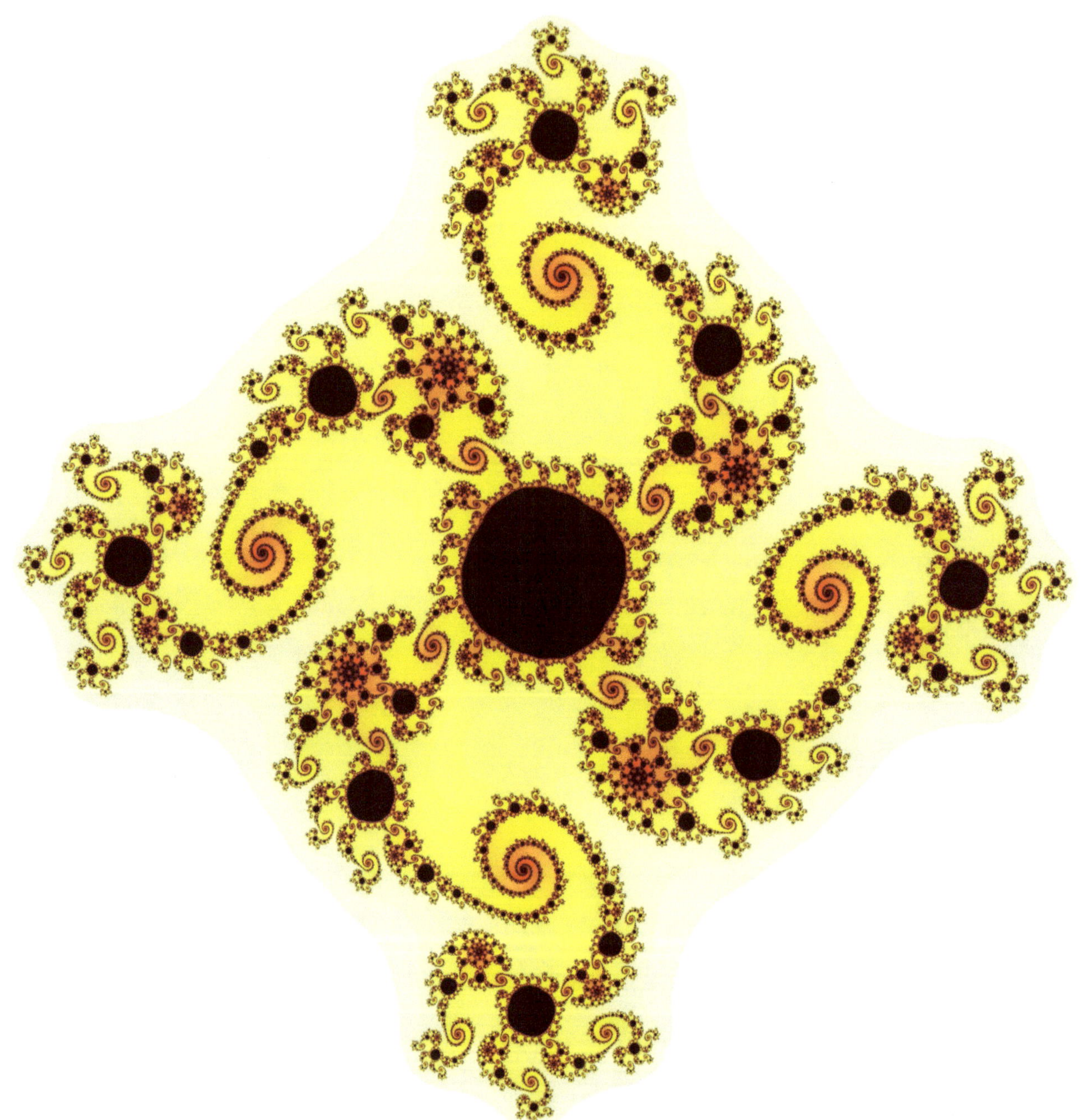

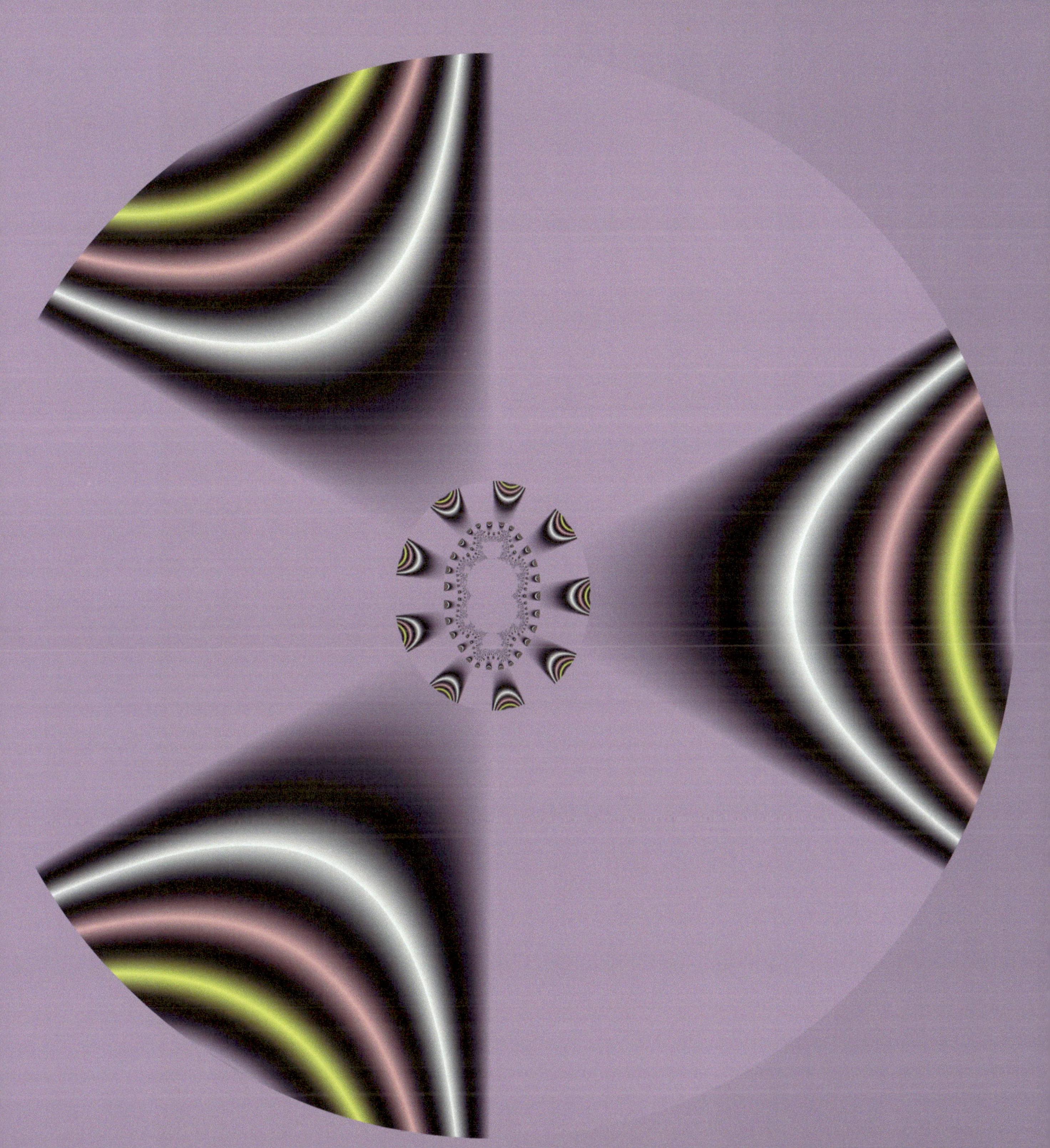

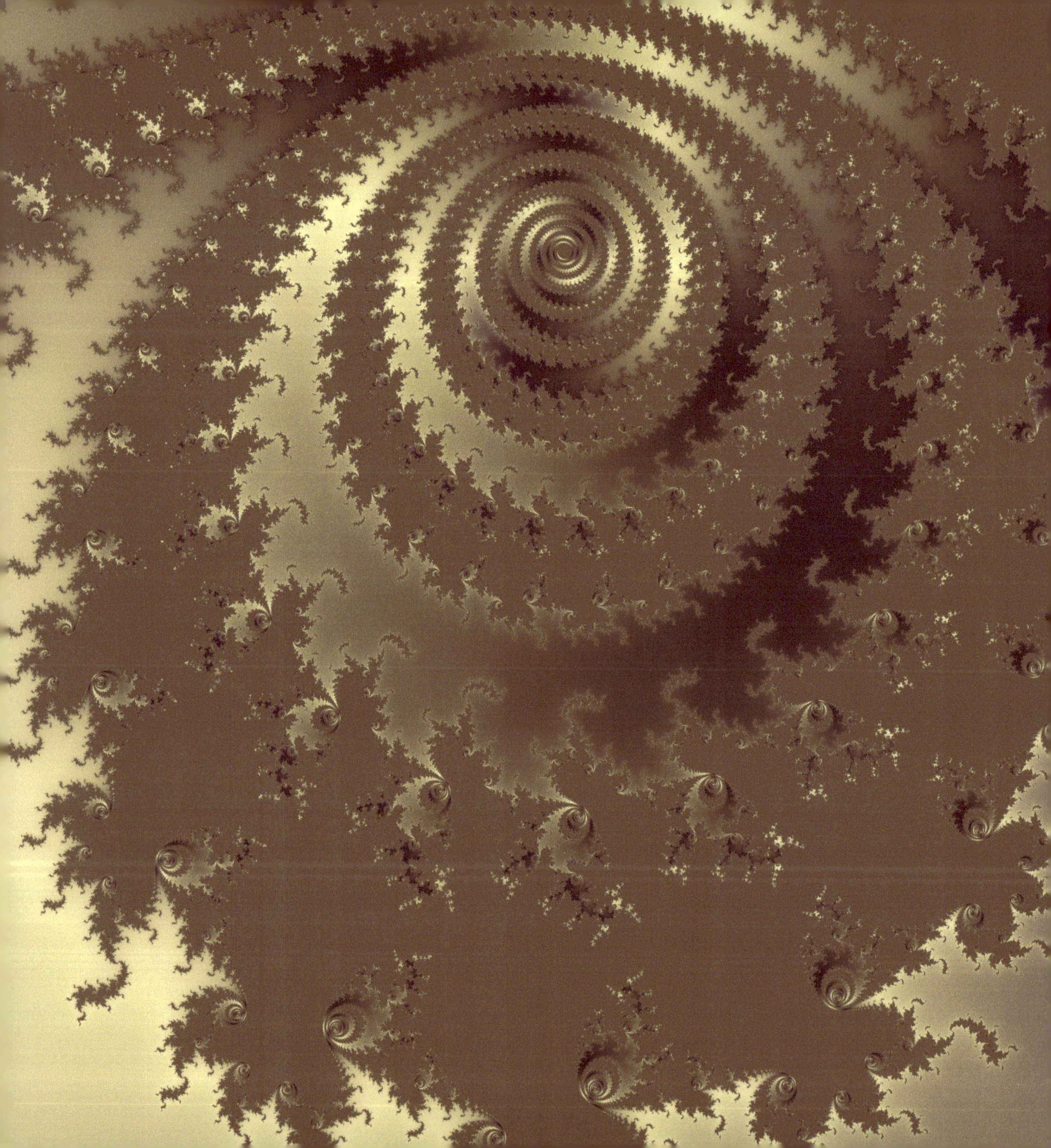

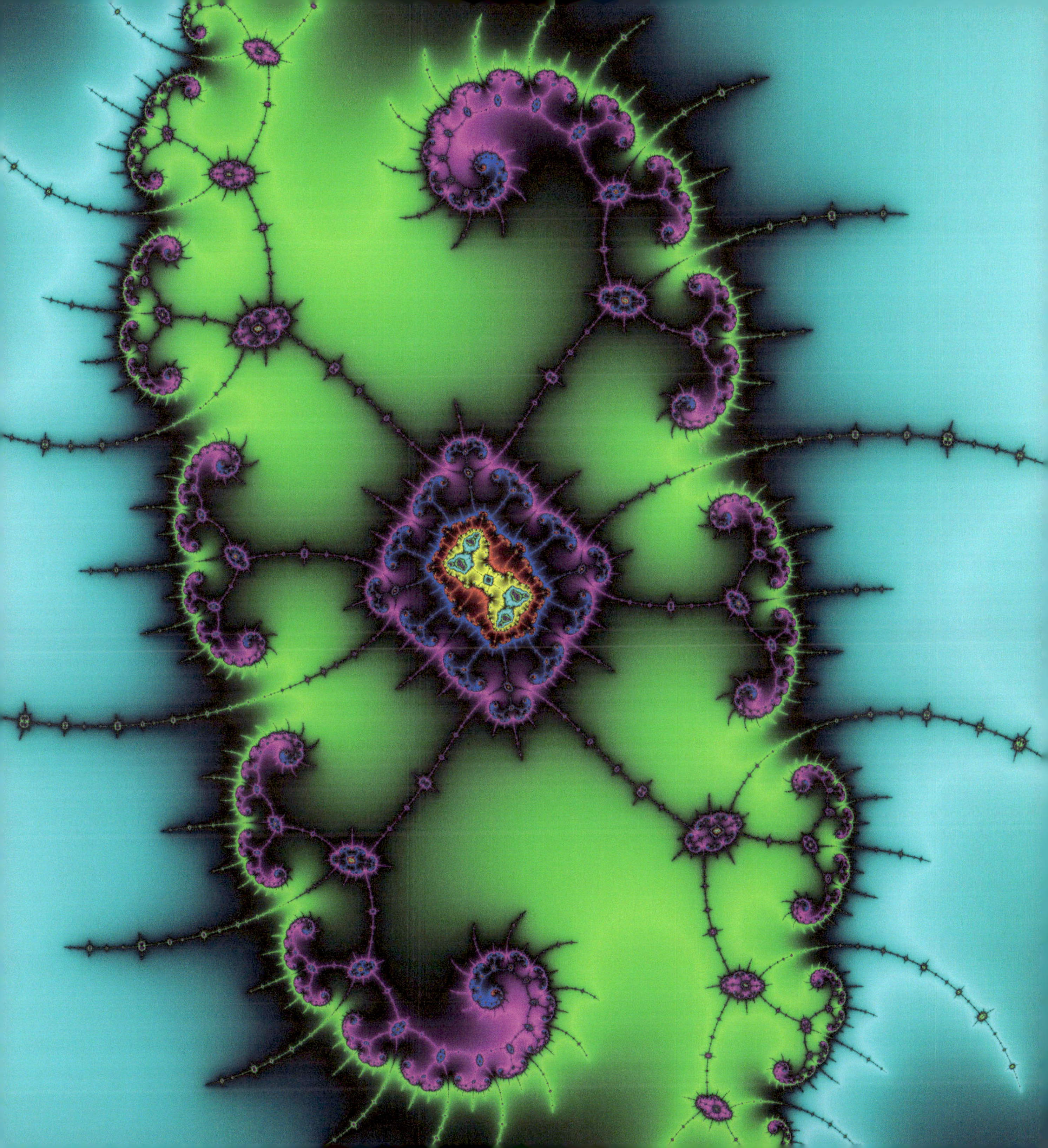

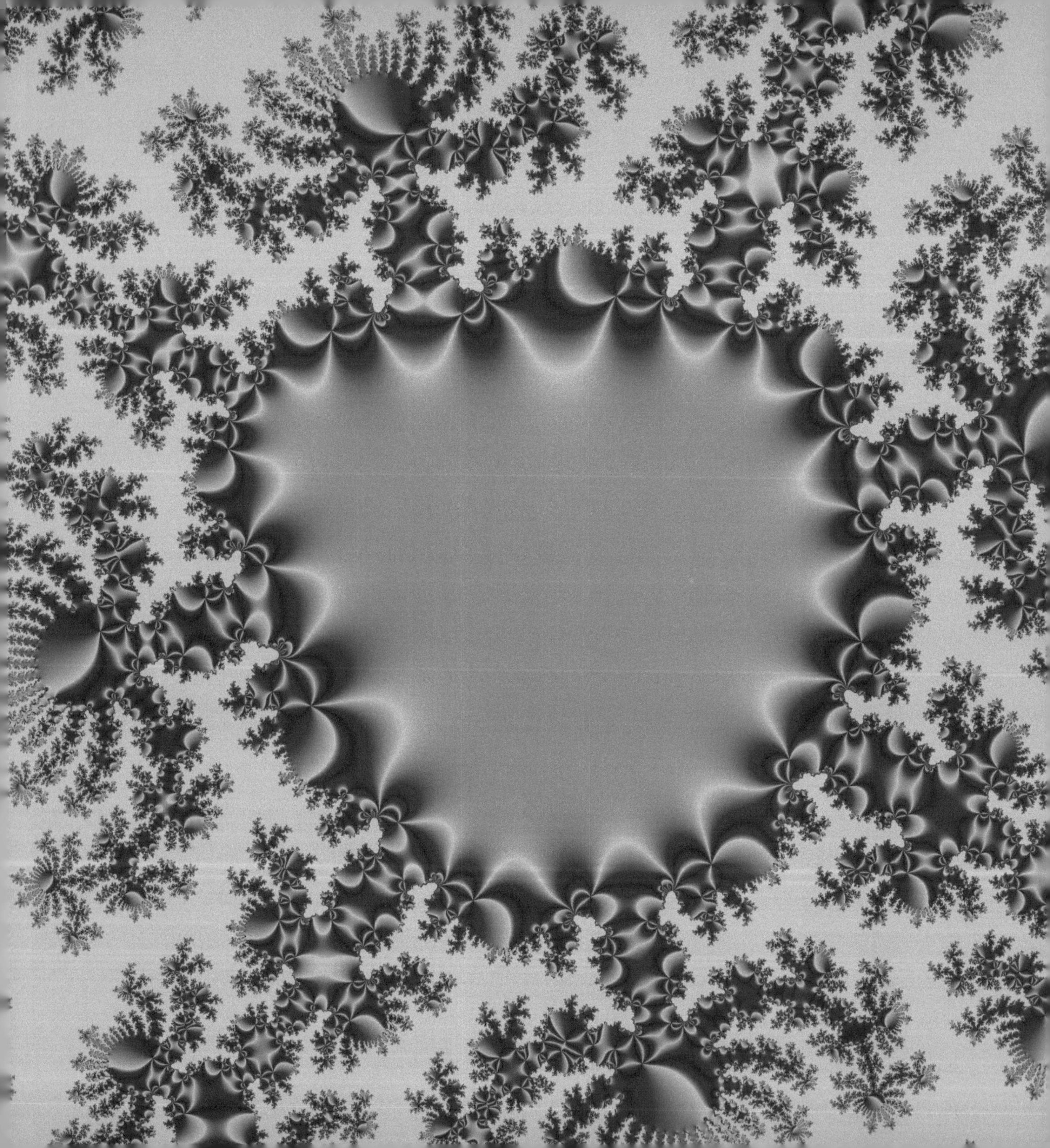

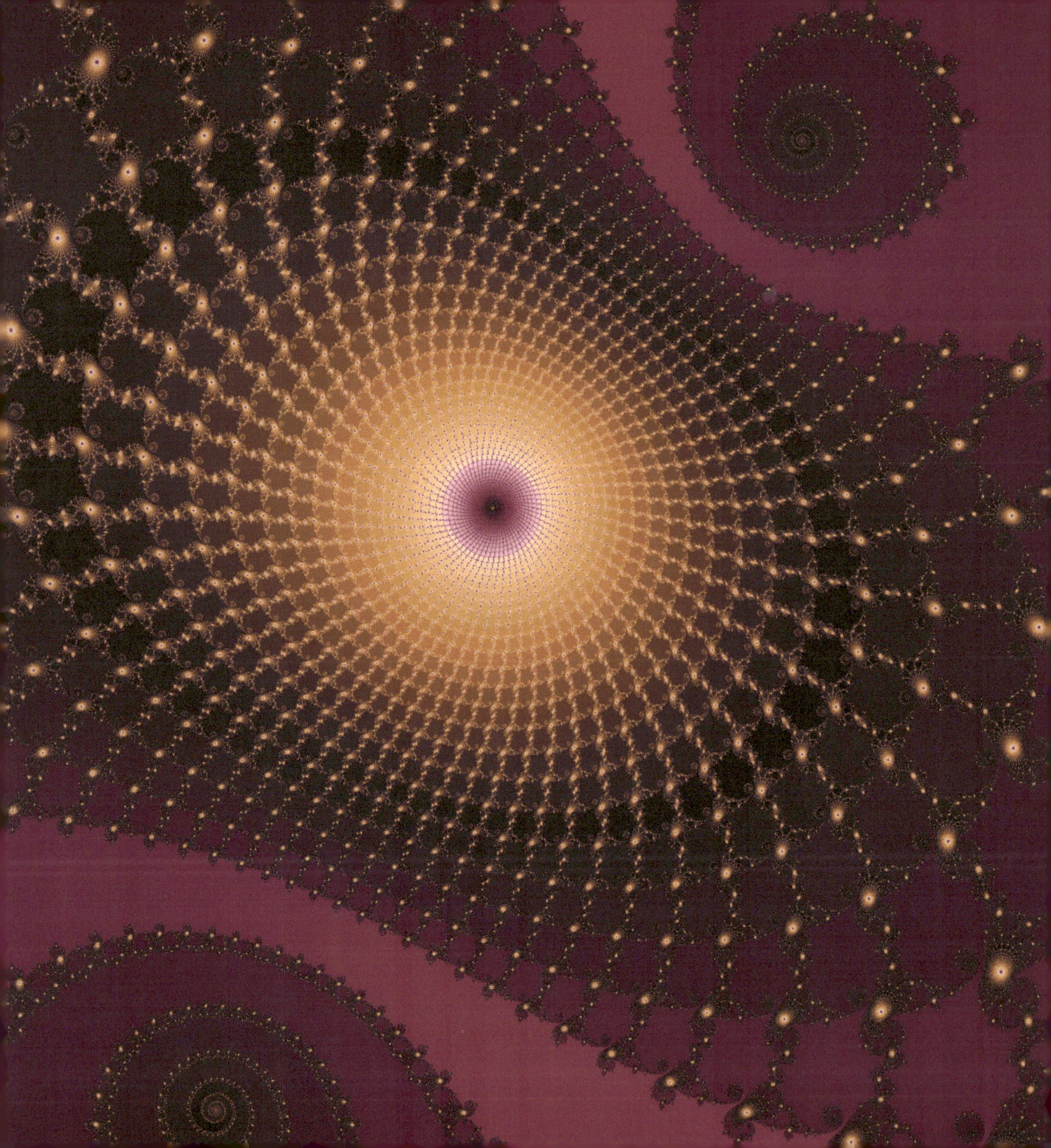

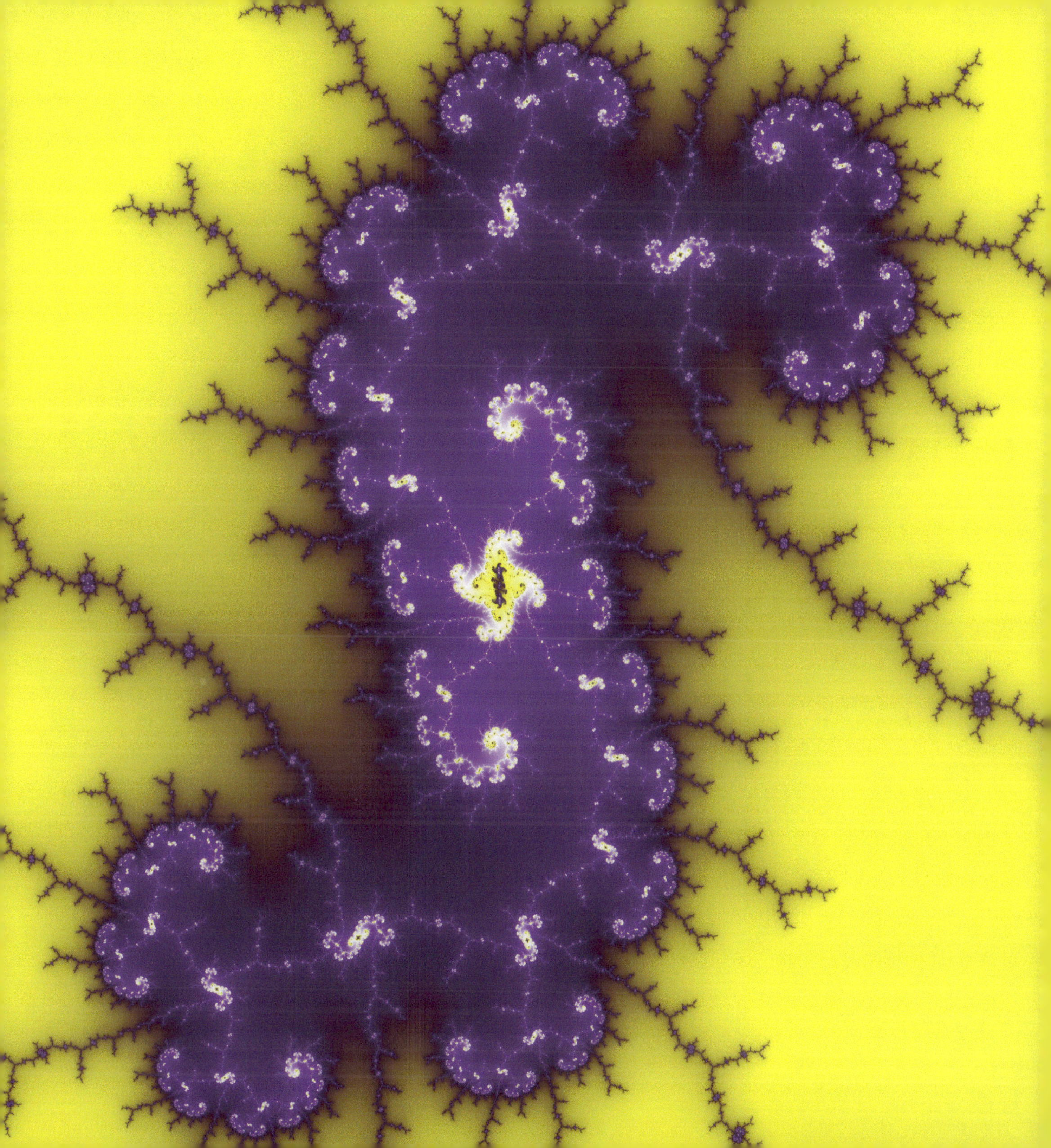

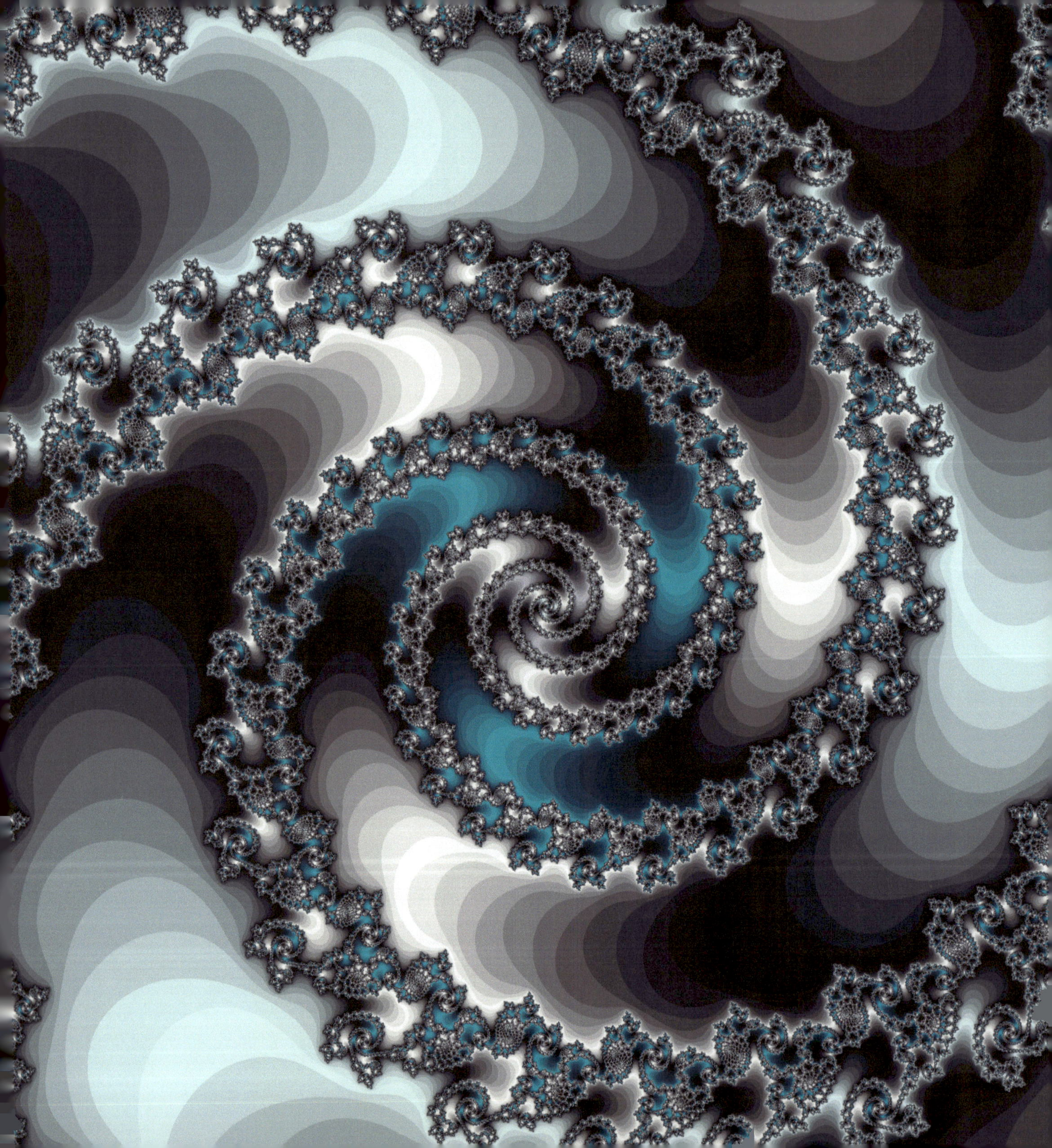

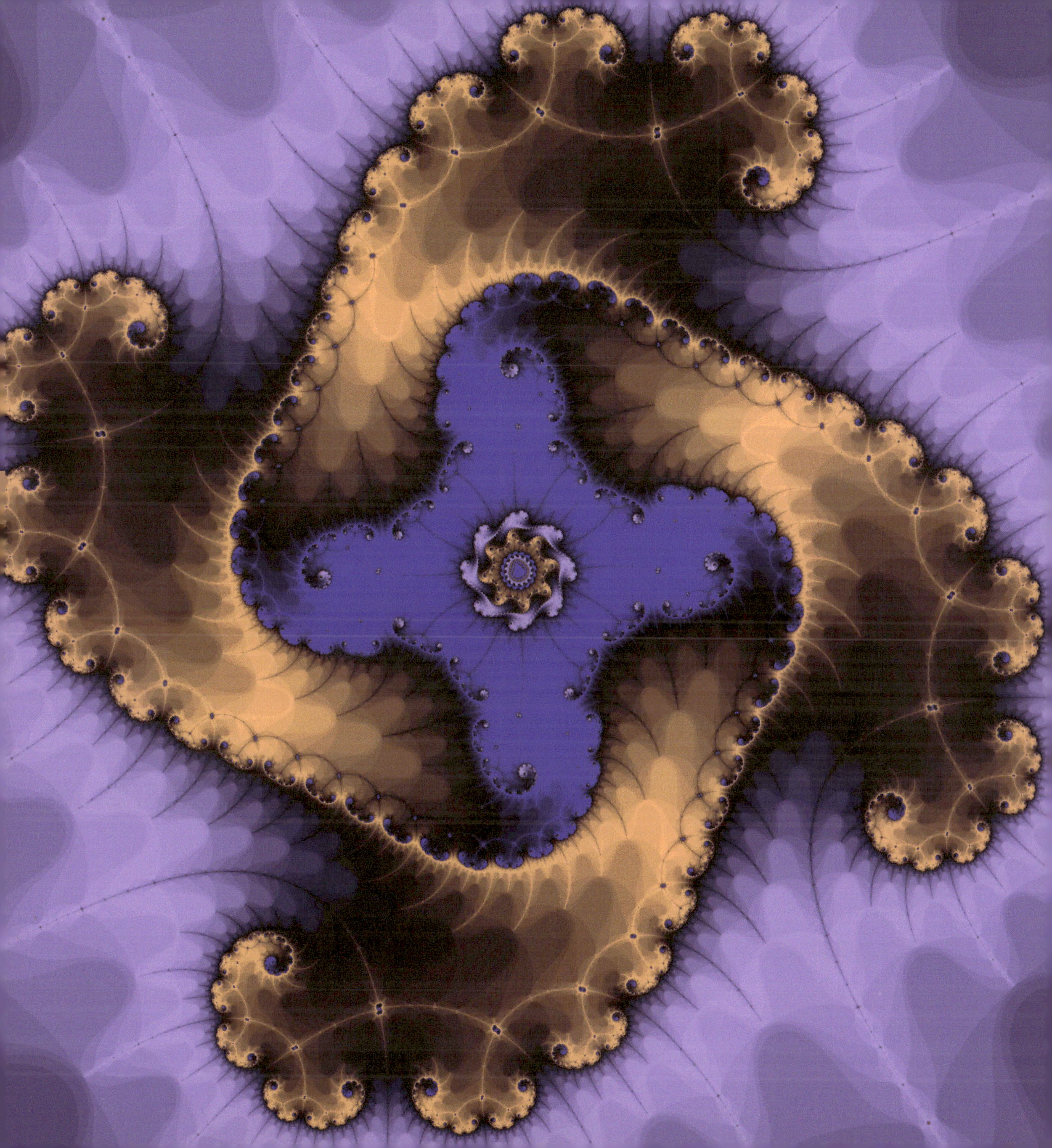

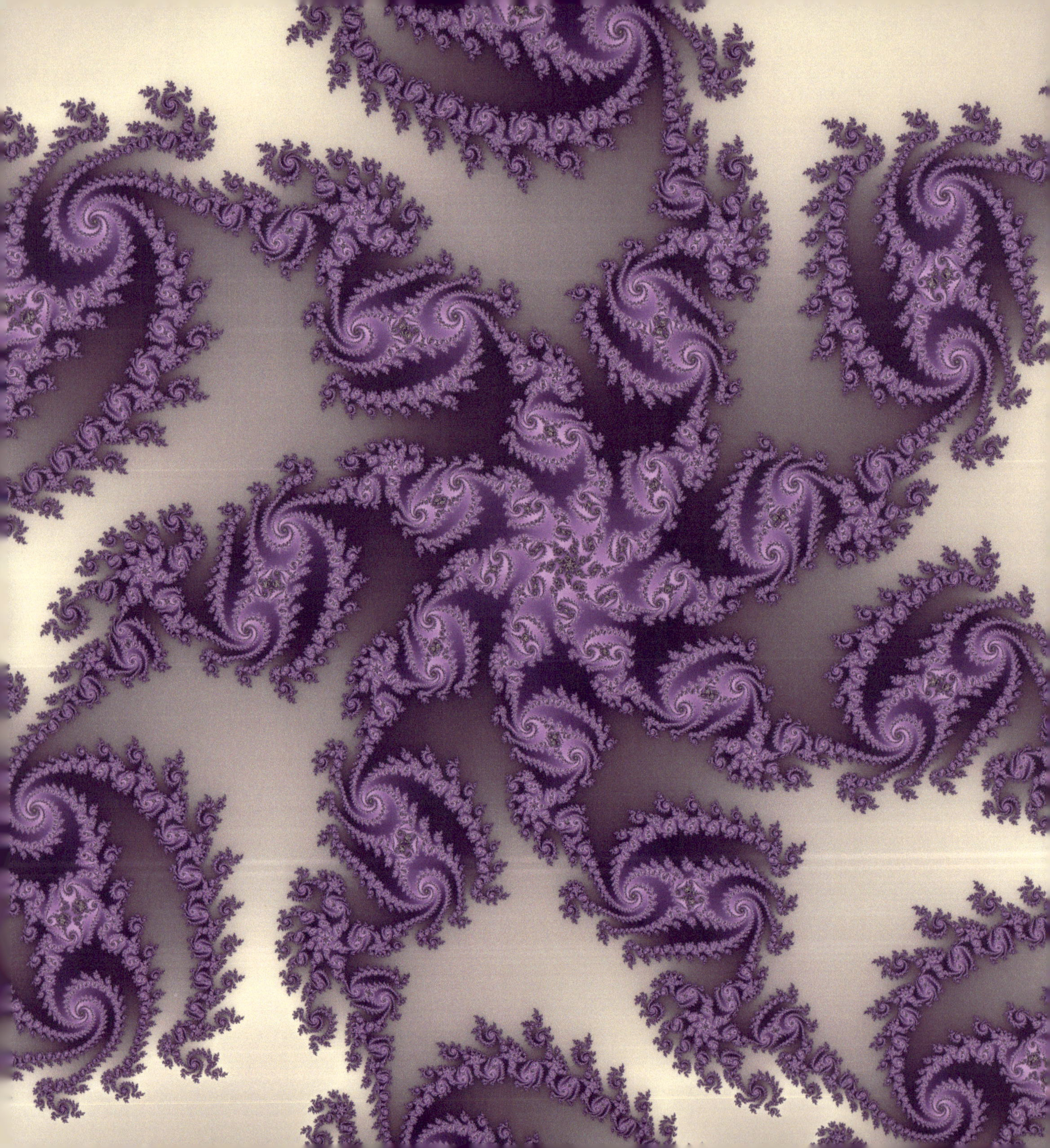

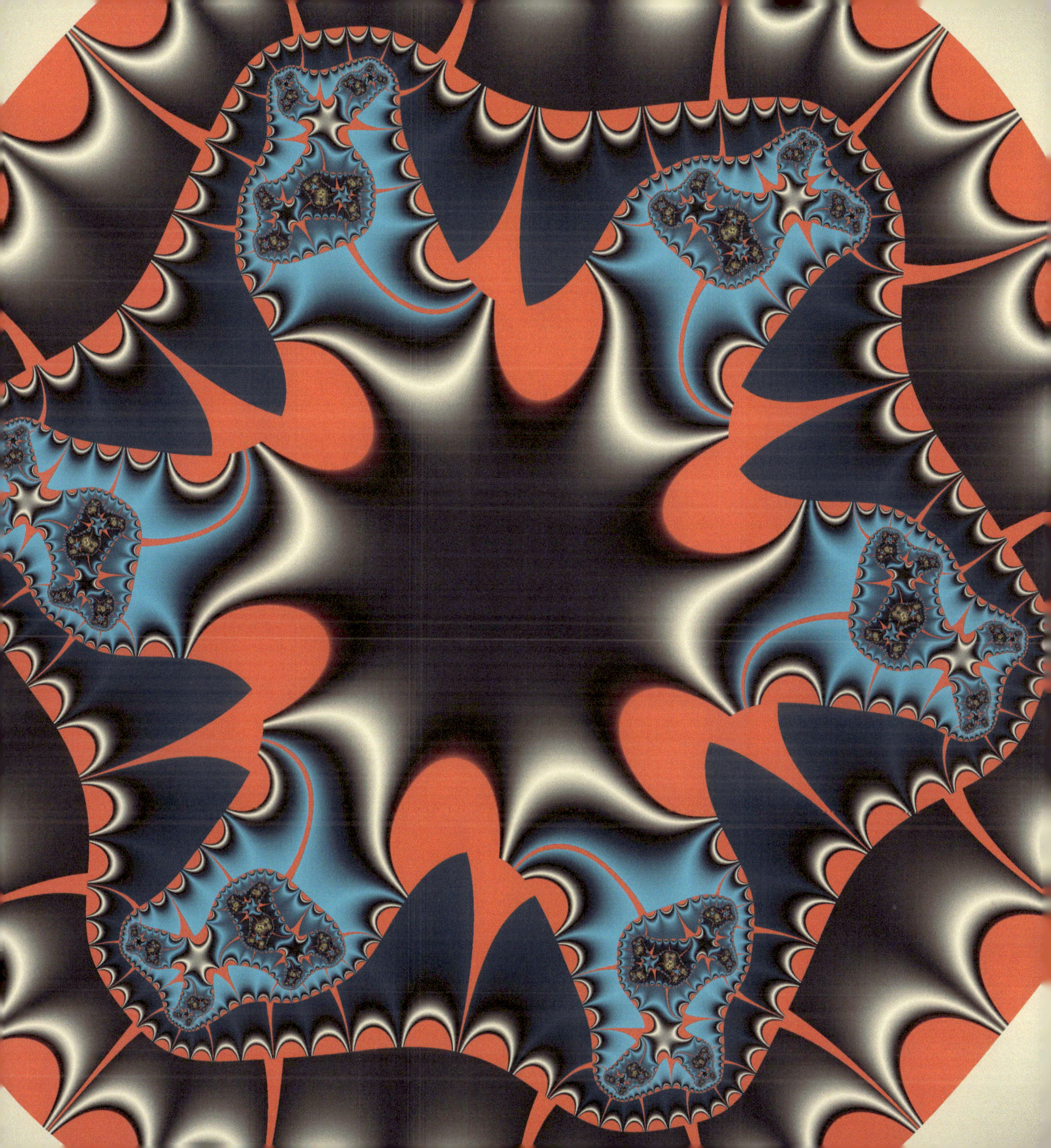

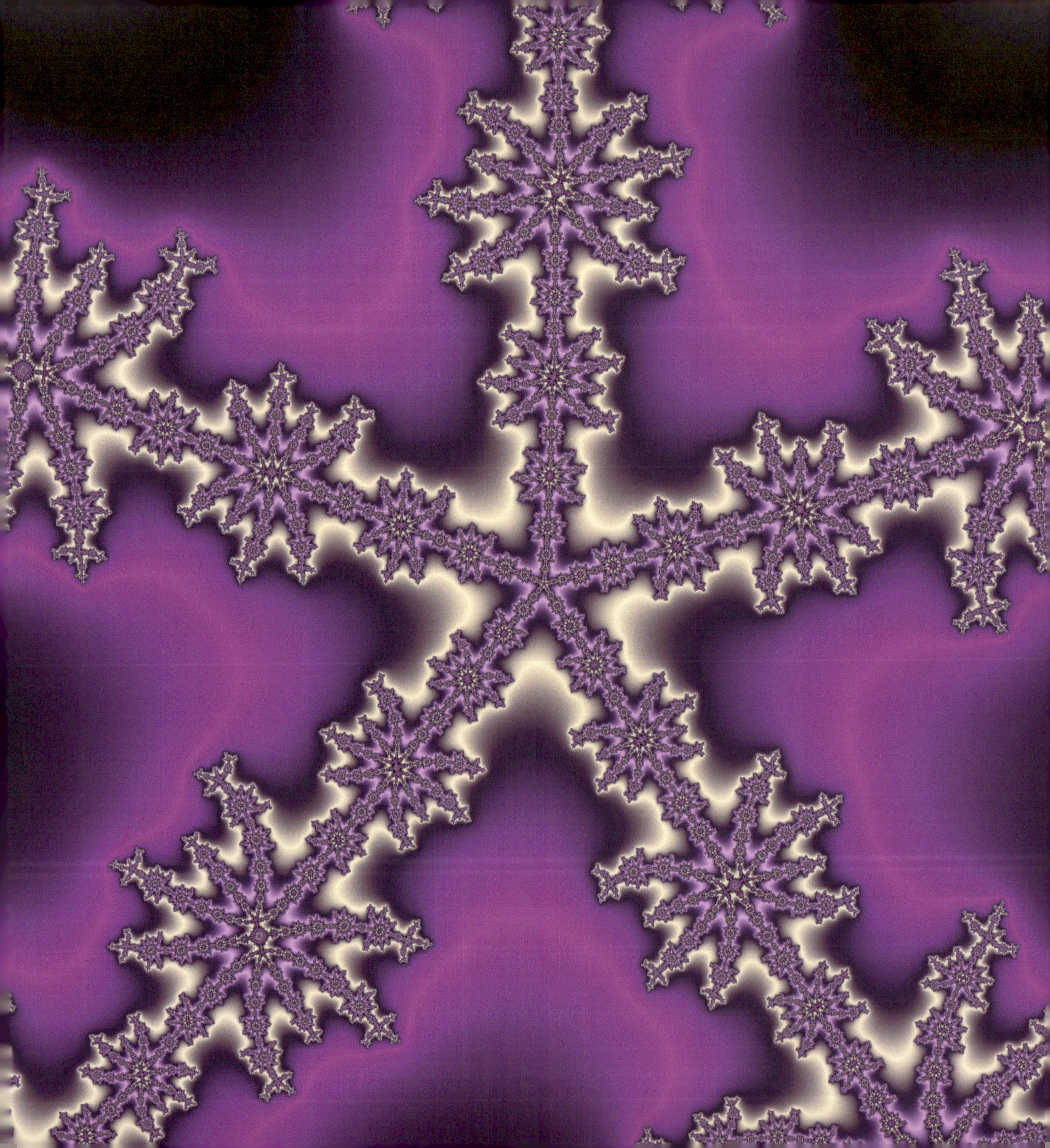

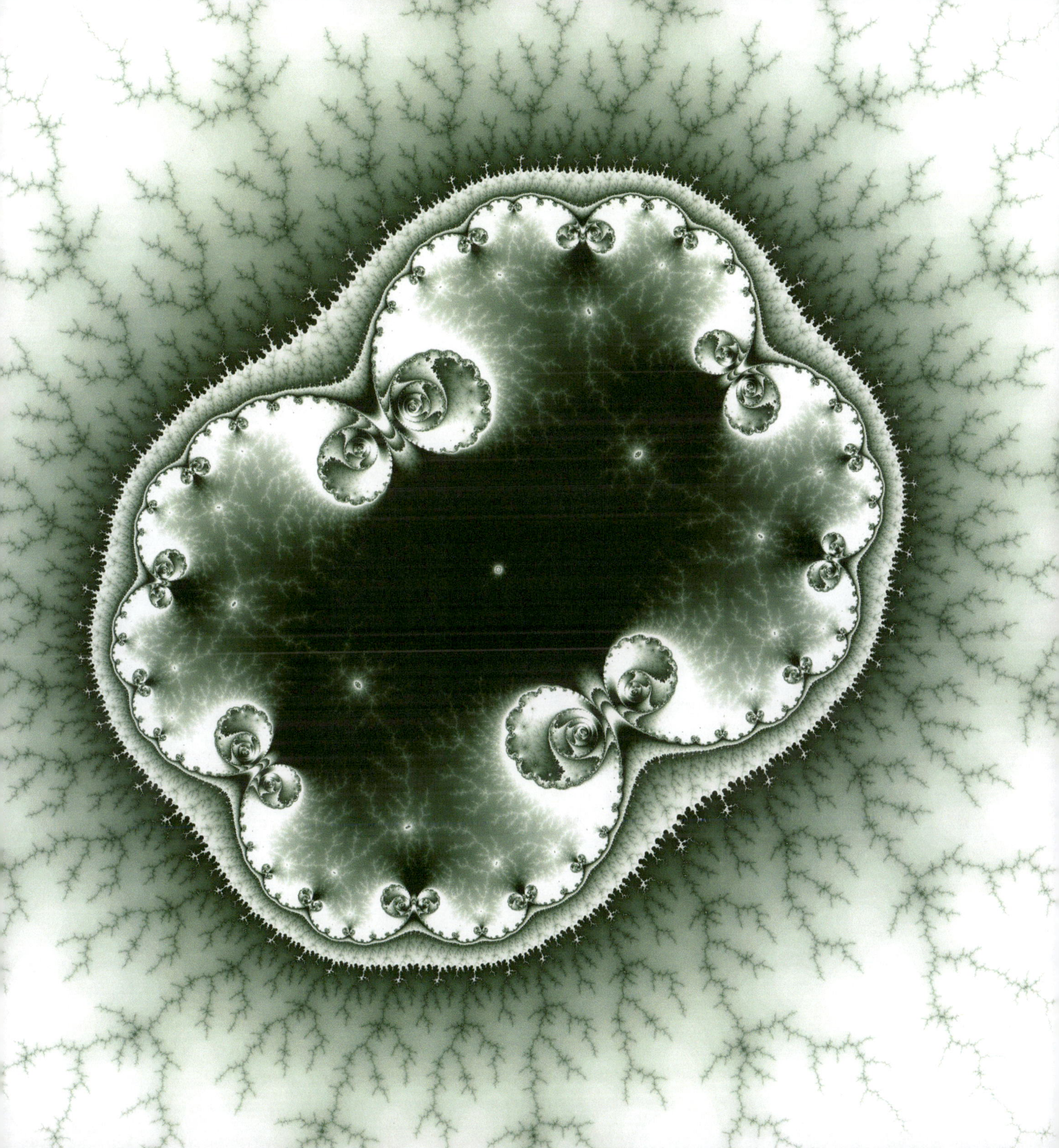

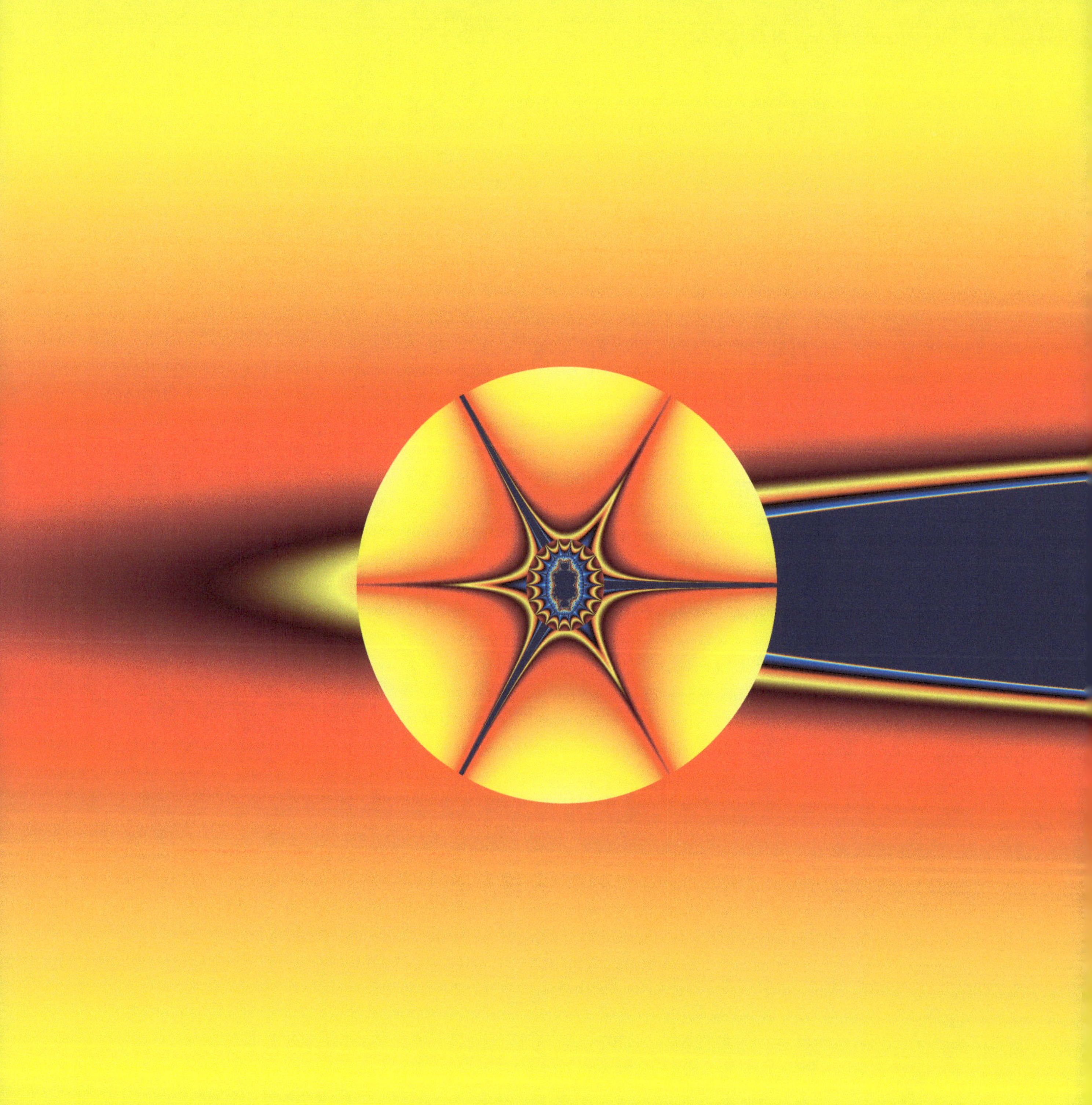

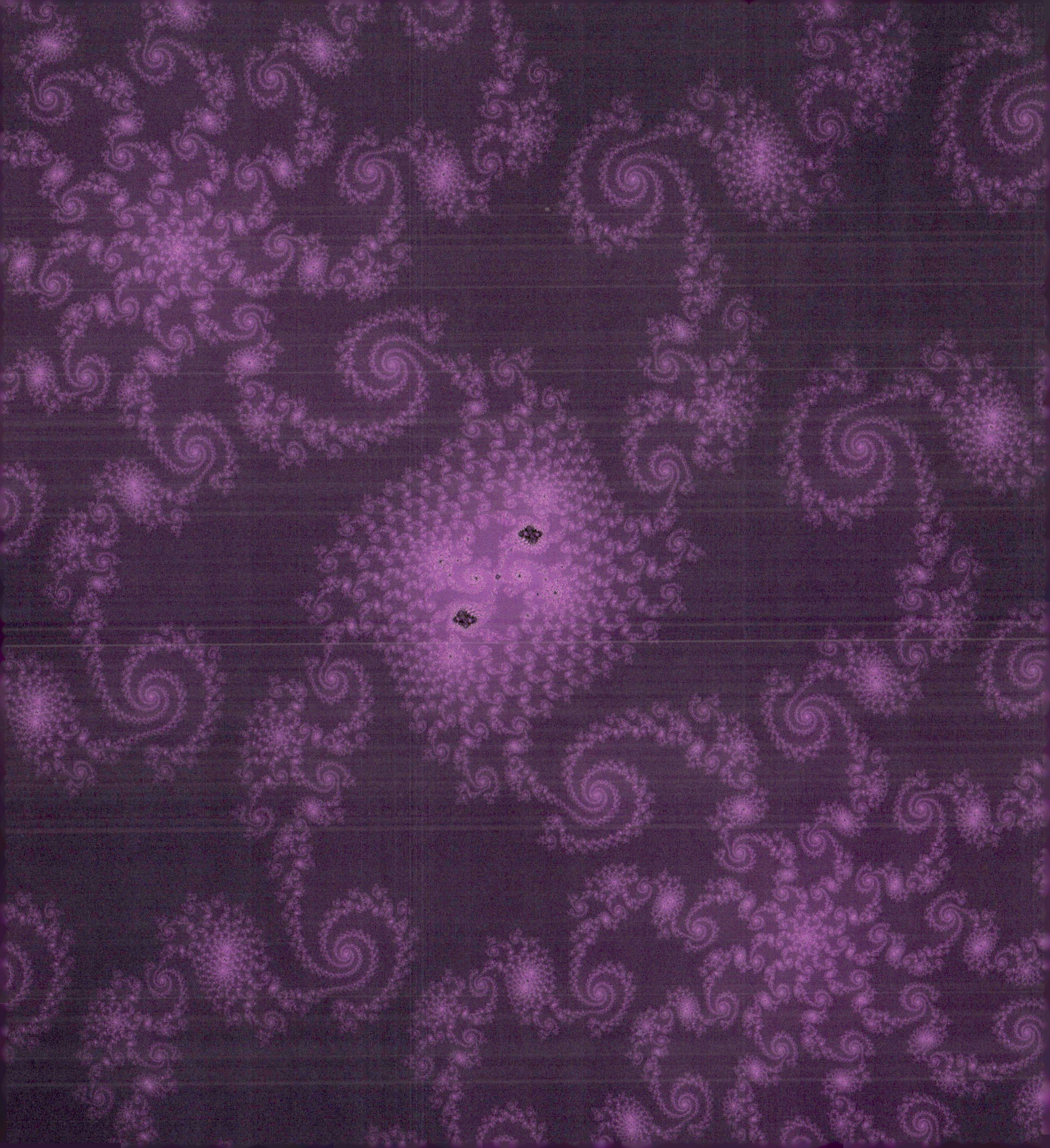

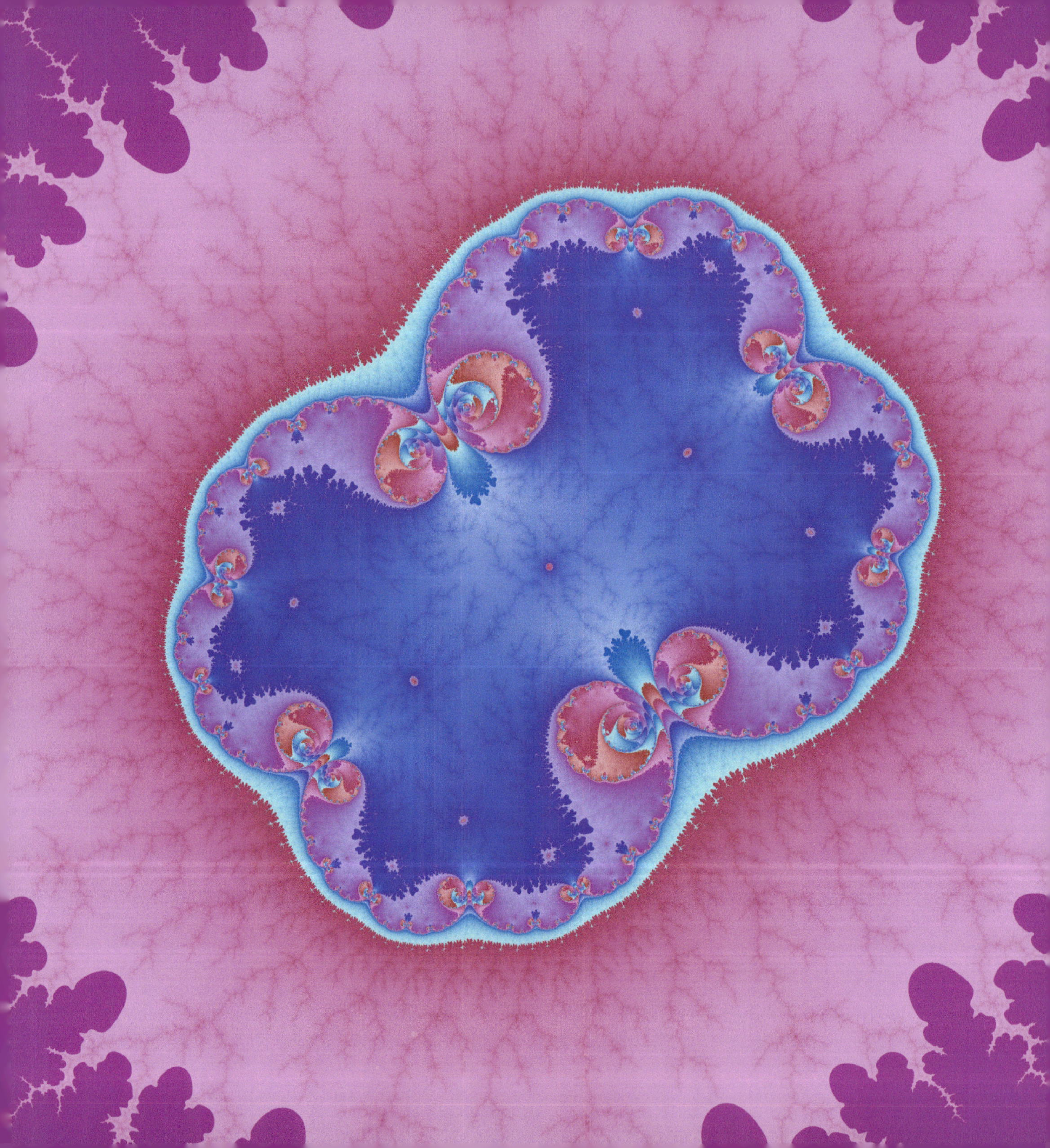